信息技术人才培养系列规划教材

慕课版

立 体 化 服 务 ， 从 入 门 到 精 通

HTML5+CSS3 +JavaScript

Web前端开发案例教程

王浩 国红军 邓明杨 ◎ 主编　严飞 唐印 余建芳 ◎ 副主编

明日科技 ◎ 策划

U0191233

人 民 邮 电 出 版 社
北 京

图书在版编目（CIP）数据

HTML5+CSS3+JavaScript Web前端开发案例教程 ：慕课版 / 王浩，国红军，邓明杨主编. —— 北京 ：人民邮电出版社，2020.7（2024.6重印）
信息技术人才培养系列规划教材
ISBN 978-7-115-53162-9

Ⅰ．①H… Ⅱ．①王… ②国… ③邓… Ⅲ．①超文本标记语言－程序设计－教材②网页制作工具－教材③JAVA语言－程序设计－教材 Ⅳ．①TP312.8 ②TP393.092.2

中国版本图书馆CIP数据核字(2019)第287992号

内 容 提 要

本书作为 HTML5 程序设计的教程，系统全面地介绍了利用 HTML5 进行网站前端开发所涉及的常用知识。全书共分为 12 章，内容包括 Web 网站初体验、搭建网站雏形、用 CSS3 装饰网站、HTML5 多媒体实现网站"家庭影院"、通过 HTML5 表单与用户交互、列表与表格——让网站更规整、CSS3 布局与动画、JavaScript 编程应用、JavaScript 事件处理、手机响应式开发（上）、手机响应式开发（下）、综合案例——在线教育平台。全书以案例引导，每个案例都有相关知识点的讲解，有助于读者在理解知识的基础上，更好地运用知识，达到学以致用的目的。

本书是慕课版教材，各章节配备了视频的二维码，并且在人邮学院（www.rymooc.com）平台上提供了课程视频。此外，本书还提供所有案例、动手试一试、综合案例和课程设计的源代码、制作精良的 PPT 电子课件及自测题库等内容。其中，源代码全部经过测试，能够在谷歌浏览器上运行。

本书可作为高等院校计算机、软件工程等相关专业的教材，同时也适合 HTML5 爱好者和初、中级的 HTML5 网站前端开发人员参考使用。

◆ 主　　编　王　浩　国红军　邓明杨
　　副主编　严　飞　唐　印　余建芳
　　责任编辑　李　召
　　责任印制　王　郁　陈　犇

◆ 人民邮电出版社出版发行　　北京市丰台区成寿寺路 11 号
　　邮编　100164　　电子邮件　315@ptpress.com.cn
　　网址　https://www.ptpress.com.cn
　　固安县铭成印刷有限公司印刷

◆ 开本：787×1092　1/16
　　印张：15.75　　　　　　　　　　2020 年 7 月第 1 版
　　字数：434 千字　　　　　　　　2024 年 6 月河北第 8 次印刷

定价：49.80 元

读者服务热线：(010)81055256　印装质量热线：(010)81055316
反盗版热线：(010)81055315
广告经营许可证：京东市监广登字 20170147 号

前言
Foreword

党的二十大报告中提到："全面提高人才自主培养质量，着力造就拔尖创新人才，聚天下英才而用之。"为了让读者能够快速且牢固地掌握前端开发技术，人民邮电出版社充分发挥在线教育方面的技术优势、内容优势、人才优势，潜心研究，为读者提供一种"纸质图书+在线课程"相配套，全方位学习前端开发的解决方案。读者可根据个人需求，利用图书和"人邮学院"平台上的在线课程进行系统化、移动化的学习，以便快速全面地掌握前端开发技术。

一、如何学习慕课版课程

本课程依托人民邮电出版社自主开发的在线教育慕课平台——人邮学院（www.rymooc.com），该平台为学习者提供优质、海量的课程，课程结构严谨，用户可以根据自身的学习程度，自主安排学习进度，并且平台具有完备的在线"学习、笔记、讨论、测验"功能。人邮学院为每一位学习者，提供完善的一站式学习服务（见图1）。

图1 人邮学院首页

为了使读者更好地完成慕课的学习，现将本课程的使用方法介绍如下。

1. 用户购买本书后，找到粘贴在书封底上的刮刮卡，刮开，获得激活码（见图2）。

2. 登录人邮学院网站（www.rymooc.com），或扫描封面上的二维码，使用手机号码完成网站注册（见图3）。

图2 激活码　　　　　　　　　　图3 注册人邮学院网站

3. 注册完成后，返回网站首页，单击页面右上角的"学习卡"选项（见图4），进入"学习卡"页面（见图5），输入激活码，即可获得该慕课课程的学习权限。

图4　单击"学习卡"选项

图5　在"学习卡"页面输入激活码

4. 获得该课程的学习权限后，可随时随地使用计算机、平板电脑、手机学习本课程的任意章节，根据自身情况自主安排学习进度（见图6）。

5. 在学习慕课课程的同时，阅读本书中相关章节的内容，巩固所学知识。本书既可与慕课课程配合使用，也可单独使用，书中主要章节均放置了二维码，用户扫描二维码即可在手机上观看相应章节的视频讲解。

6. 学完一章内容后，可通过精心设计的在线测试题，查看知识掌握程度（见图7）。

图6　课时列表

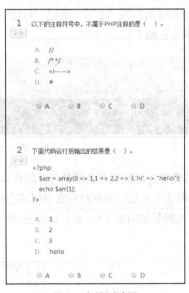

图7　在线测试题

7. 如果对所学内容有疑问，还可到讨论区提问，除了有大牛导师答疑解惑以外，同学之间也可互相交流学习心得（见图8）。

8. 书中配套的PPT、源代码等教学资源，用户也可在该课程的首页找到相应的下载链接（见图9）。

图8　讨论区

图9　配套资源

关于人邮学院平台使用的任何疑问，可登录人邮学院咨询在线客服，或致电：010-81055236。

二、本书特点

自从 HTML5 被正式推出以来，它受到了世界各大浏览器厂商的热烈欢迎与支持。同时，万维网联盟（W3C）也发布了 HTML5 规范和 CSS3 规范。根据世界 IT 界各大知名媒体的说法，新的 Web 时代——HTML5 与 CSS3 的时代马上就要到来了。

在当前的教育体系下，实例教学是计算机语言教学最有效的方法之一。本书将 HTML5 知识和实用的案例有机结合起来：一方面，紧跟 HTML5 的发展，适应市场需求，精心选择内容，突出重点、强调实用性，使知识讲解全面、系统；另一方面，将知识融入案例，每个案例都有相关的知识讲解，部分知识点还有用法示例，既有利于学生学习知识，又有利于老师指导学生实践。另外，本书每个案例都有对应的"动手试一试"，方便读者及时检验自己的学习效果（包括动手实践能力和理论知识）。

本书作为教材使用时，课堂讲解建议分配 25～26 学时，上机实践建议分配 40～45 学时。各章主要内容和学时分配建议如下，老师可以根据实际教学情况进行调整。

章	主 要 内 容	课堂学时	实验学时
第 1 章	Web 网站初体验，包括 Web 简介、网页制作的相关技术、HTML5 文件结构等相关概念以及网页的开发工具和浏览器工具	1～2	
第 2 章	制作明日学院的公司介绍页面，知识点包括段落标签和图片标签以及绝对地址和相对地址		1
	多图展示"合作伙伴"，知识点包括水平线标签和换行标签的使用		1
	通过外链实现友情链接，知识点包括链接标签的使用		1
	制作联系方式，知识点包括<div>和<span>分组标签的使用		1
第 3 章	图文混排展示新书速递，知识点包括 CSS 简介以及发展概述、选择器的概念以及 ID 选择器和类选择器	1	1
	时间轴方式的直播预告，知识点包括 HTML 中的列表标签、CSS 中的列表属性		1
	美化学习兴趣分类页面，知识点包括与<a>链接标签相关的 CSS 属性、与文本相关的 CSS 属性	1	1
	打造多彩网站主题背景，知识点包括与背景相关的 CSS 属性	1	1
第 4 章	网页中的 H5 视频播放器，知识点包括<video>标签		1
	动态文字弹幕，知识点包括<marquee>标签		1
	神奇的在线听书功能，知识点包括<audio>标签	1	1
	定制专属视频播放器，知识点包括多媒体标签的事件处理及常见事件	1	
第 5 章	表单实现用户注册页面，知识点包括<form>表单标签	1	2
	申请个人讲师，知识点包括<input>标签、单选框和复选框		1
	好友留言，知识点包括<textarea>文本域标签		1
	带附件的用户反馈，知识点包括文件域和图像域		1
第 6 章	图文结合展示课程列表，知识点包括定义列表		1
	制作导航菜单特效，知识点包括无序列表	1	1
	有序列表让招聘列表更清晰，知识点包括有序列表	1	1
	表格设计订单页面，知识点包括简单表格和表格的合并		1

章	主 要 内 容	课堂学时	实验学时
第7章	布局积分兑奖页面，知识点包括 CSS3 中的 display 和 float 属性	1	1
	当鼠标指针停留在图片上时产生动画特效，知识点包括 CSS3 中的变形（transform）	1	1
	为导航菜单添加动画特效，知识点包括 CSS3 中的过渡（transition）	1	1
	CSS3 实现网页轮播图，知识点包括关键帧和动画属性	1	
第8章	实现将课程分类，知识点包括标识符、关键字、常量和变量，函数		1
	个性化的智能搜索，知识点包括 if 语句和 for 循环	1	1
	使用 jQuery 实现轮播图广告，知识点包括认识 jQuery 框架和使用 jQuery 框架	1	1
	让用户为你建言献策，知识点包括文档对象（Document Object）	1	1
第9章	实现抽奖页面，知识点包括时间处理程序分别在 JavaScript 和 HTML 中的调用		1
	限时大抢购，知识点包括事件流、主流浏览器的事件模型和事件对象	1	1
	网页刮刮卡，知识点包括常见鼠标事件	1	1~2
	模拟 12306 图片验证码，知识点包括注册与移除事件监听器	1	1~2
第10章	手机端展示图文列表，知识点包括 Flex 布局和 Flex 容器常见属性	1	
	手机端的用户登录，知识点包括媒体查询的概念以及使用	1	1~2
	手机端聊天界面，知识点包括常用布局类型以及布局实现方式	1	1
	在手机端播放视频，知识点包括<meta>标签	1	
第11章	添加响应式图片,知识点包括如何通过<picture>标签和 CSS 添加响应式图片	1	1
	使用第三方插件升级视频功能，知识点包括使用<meta>标签和使用 HTML5 手机播放器组件		1~2
	响应式导航菜单，知识点包括使用 CSS3 和 JavaScript 两种方式实现响应式导航		1
	表格"变形记"，知识点包括常见的实现响应式表格的三种方法		1
第12章	综合案例——在线教育平台，包括案例分析、技术准备、主页设计与实现、登录页设计与实现、课程列表页设计与实现以及课程详情页设计与实现	1	4~5

由于编者水平有限，书中难免存在疏漏和不足之处，敬请广大读者批评指正。

编者
2023 年 5 月

目录
Contents

第1章

Web网站初体验

互联网的飞速发展使得网站如雨后春笋般涌现出来。当我们浏览这些网站的时候，多彩的影像和文字不断丰富我们的视觉体验。而这些内容都是通过Web（网页）技术表现出来的。对网页制作人员来讲，HTML5、CSS3 和 JavaScript 这三项技术，如同三把利剑，需细细打磨，反复锤炼，方能"雄霸 Web 天下"。本章将简要介绍这三方面的知识内容。

本章要点

- 了解HTML的发展历史
- 了解HTML5（H5）的概念
- 使用WebStorm创建网页
- 在网页中添加文字

1.1 揭秘 Web 前端

揭秘 Web 前端

1.1.1 Web 是什么

在中文里，Web 被翻译成"网页"。在互联网发展得如火如荼的今天，大家都已经对网页不陌生了，看新闻、"刷"微博、上淘宝等都是在浏览网页。接下来，我们以"明日学院"的官方网站为例，初步感受一下网页的内部组成结构。打开任意一个浏览器（建议使用最新的谷歌浏览器，即 Google Chrome），在地址栏中输入明日学院的网址，按回车键，浏览器中将显示图 1-1 所示内容。

图 1-1　明日学院的官方主页

从图 1-1 中我们可以发现，网页主要由文字、图片和链接等内容构成。那么，这些内容具体都是如何构成的呢？接下来，继续深入网页的核心——网页源代码。具体操作：单击鼠标右键，在弹出的快捷菜单中单击类似【查看网页源代码】的命令，浏览器将显示图 1-2 所示的内容，该页面显示的内容就是当前页面的源代码。

图 1-2　明日学院的官方主页源代码

图 1-2 显示的内容就是明日学院官网主页的源代码，正是这些代码，组成了页面的各种元素。而这个页面本身，是一个纯文本文件。网页中文字、图片等内容，是浏览器读取这些纯文本文件而显示出来的。

除了主页之外，一个网站通常包含多个子页面，如明日学院官方网站包含"课程""读书"和"社区"等子页面。网站实际上就是多个网页的集合，网页与网页之间通过超链接互相连接。比如，当用户单击明日学院官网主页菜单栏中的"课程"时，就会跳转到"课程"页面，如图 1-3 所示。

图 1-3 明日学院的"课程"页面

1.1.2 网页核心技术

HTML5、CSS3 和 JavaScript 是制作网页会用到的主要技术。我们要想学会制作网页，最好能够掌握这 3 种技术。

本节将对 HTML5、CSS3 和 JavaScript 技术的发展历史、流行版本等内容进行概括式介绍。

1. HTML5 概述

HTML5 定义了一个简易的文件交换标准，它旨在定义文件内的对象和描述文件的逻辑结构，而并不定义文件显示。由于使用 HTML5 语言编写的文件具有极高的适应性，所以特别适用于网页源代码的编写。

（1）什么是 HTML5。

HTML5 是纯文本类型的语言，使用 HTML5 编写的网页文件也是标准的纯文本文件。我们可以用任何文本编辑器打开它，查看其中的 HTML5 源代码，例如 Windows 的"记事本"程序；也可以在用浏览器打开网页时，通过使用相应的"查看"→"源文件"命令查看网页的 HTML5 代码。使用 HTML5 编写的文件可以直接由浏览器解释执行，无需编译。当我们用浏览器打开网页时，浏览器读取网页的 HTML5 代码，分析其语法结构，然后根据解释执行的结果显示网页内容。

下面让我们通过明日学院网站的一段源代码（见图 1-4）和对应的网页结构（见图 1-5）来简单认识一下 HTML5。

从图 1-4 可以看出，网页内容是通过 HTML5 标签（图中带有"< >"的符号）描述的，网页文件其实是一个纯文本文件。这段代码对应的网页效果如图 1-5 所示，图中的文字都带有超链接。

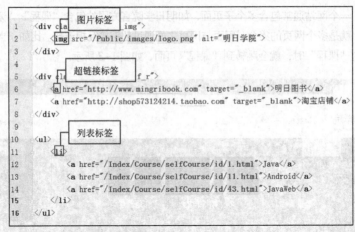

图 1-4 明日学院的官网主页部分源代码

图 1-5 明日学院的官网主页对应网页结构

（2）HTML5 发展历程。

HTML5 的历史可以追溯到很久以前。1993 年 HTML1.0 首次以因特网草案的形式发布。20 世纪 90 年代的人见证了 HTML 的飞速发展，从 2.0 版，到 3.2 版和 4.0 版，再到 1999 年的 4.01 版，一直到现在正逐步普及的 HTML5。随着 HTML 的发展，W3C 掌握了 HTML5 规范的控制权。

在快速发布了这几个版本之后，业界普遍认为 HTML 已经"无路可走"了，对 Web 标准的焦点也开始转移到了 XML 和 XHTML 上，HTML 被放在次要位置。不过在此期间，HTML 展现了顽强的生命力，主要的网站内容还是基于 HTML 的。为能支持新的 Web 应用，同时克服现有的缺点，HTML 迫切需要添加新功能，制定新规范。

为了将 Web 平台提升到一个新的高度，一群人在 2004 年成立了 Web 超文本应用技术工作组（Web Hypertext Application Technology Working Group，WHATWG），他们创立了 HTML5 规范，同时开始专门针对 Web 应用开发新功能——这被 WHATWG 认为是 HTML 中最薄弱的环节。"Web 2.0"这个新词也就是在那个时候被发明的。Web 2.0 实至名归，开创了 Web 的第二个时代，旧的静态网站逐渐让位于具有更多特性的动态网站和社交网站——这其中的新功能真的是数不胜数。

2006 年，W3C 又重新介入 HTML，并于 2008 年发布了 HTML5 的工作草案。2009 年，XHTML2 工作组停止工作。又过了一年，因为 HTML5 能解决非常实际的问题，所以在规范还没有具体定下来的情况下，各大浏览器厂家就已经按捺不住了，开始对旗下产品进行升级以支持 HTML5 的新功能。这样，得益于浏览器的实验性反馈，HTML5 规范也得到了持续的完善，HTML5 以这种方式迅速融入了对 Web 平台的实质性改进。

2. CSS3 概述

（1）什么是 CSS3。

CSS3（层叠样式表）通常被称为 CSS3 样式表，主要用于设置 HTML5 页面的文本格式（字体、大小和对齐方式等）、图片的外形（宽高、边框样式、边框等）以及版面的布局等外观显示样式。CSS3 以 HTML5 为基础，提供了丰富的功能，如字体、颜色、背景的控制等，而且还可以针对不同的浏览器设置不同的样式，如图 1-6 所示。

图 1-6　使用 CSS3 设置的部分网页展示

（2）CSS3 发展历程。

1996 年 12 月，W3C 发布了第一个有关样式的标准 CSS1，又在 1998 年 5 月发布了 CSS2。截至撰稿日，最新的版本是 CSS3。CSS3 非常灵活，既可以嵌入 HTML 文件，也可以是一个独立文件（如果是独立文件，则必须以.css 为扩展名）。

如今大多数网页都是遵照 Web 标准开发的，即用 HTML5 编写网页结构和内容，而相关版面布局、文本和图片的显示样式都使用 CSS3 控制。HTML5 与 CSS3 的关系就像人的骨骼与衣服，通过更改 CSS3 样式，可以轻松控制网页的表现形式。

3. JavaScript 概述

（1）什么是 JavaScript。

JavaScript 是网页设计的一种脚本语言，通过 JavaScript 可以将静态页面转变成支持用户交互并响应相应事件的动态页面。在网站建设中，HTML5 用于搭建页面结构并编写内容，CSS3 用于设置页面样式，而 JavaScript 则用于为页面添加动态效果。

JavaScript 代码可以嵌入到 HTML5 中，也可以作为扩展名为 js 的独立文件。通过 JavaScript 可以实现网页中一些常见的特效。以图 1-7 所示的图片特效为例，当用户将鼠标指针滑动到 "Java 企业门户网站"的图片上时，将会出现对应的介绍文字。

图 1-7　使用 JavaScript 实现的动画特效

（2）JavaScript 发展历程。

JavaScript 语言的前身是 LiveScript 语言，最初由 Netscape（网景通信公司）的布兰登·艾克（Brendan Eich）设计，后来 Netscape 与 Sun 公司达成协议，将其改名为 JavaScript。为了统一规范，Ecma 国际（Ecma International）创建了 ECMA-262 标准（ECMAScript），目前使用的 JavaScript 可以认为是 ECMAScript 的扩展语言。

1.2 走进 HTML5

走进 HTML5

一个 HTML5 文件由一些元素和标签组成。元素是 HTML5 文件的重要组成部分，例如 title（文件标题）、img（图片）及 table（表格）等。元素名不区分大小写，HTML5 用标签来规定元素的属性和它在文件中的位置。本节将对与网页设计相关的几个基本标签进行介绍，主要包括元信息标签、页面主体标签、页面注释标签等。下面将对 HTML5 的标签、元素、文件结构，进行详细讲解。

1.2.1 标签、元素、文件结构概述

1. 标签

HTML5 的标签分单独出现的标签和成对出现的标签两种。

大多数成对出现的标签，是由首标签和尾标签组成的。首标签的格式为<元素名称>，尾标签的格式为</元素名称>。其完整语法如下所示。

<元素名称>元素资料</元素名称>

成对标签仅对包含在其中的文件部分发生作用，例如<title>和</title>用于界定标题元素的作用范围，也就是说，<title>和</title>之间的部分是此 HTML5 文件的标题。

单独标签的格式为<元素名称>，其作用是在相应的位置插入元素，例如
标签便是在该标签所在位置插入一个换行符。

说明

在每个 HTML5 标签中，大、小写均可混写。例如<Html>、<HTML>和<html>，其作用都是一样的。

在每个 HTML5 标签中，还可以设置一些属性，控制 HTML5 标签所建立的元素。这些属性将位于所建立元素的首标签中，因此，首标签的基本语法如下。

<元素名称　属性1="值1" 属性2="值2"……>

而尾标签的语法则如下。

</元素名称>

因此，在 HTML5 文件中某个元素的完整定义语法如下。

<元素名称　属性1="值1" 属性2="值2"……>元素资料</元素名称>

说明

在语法中，设置各属性所使用的 """" 可省略。

2. 元素

当用一组 HTML5 标签将一段文字包含在中间时，这段文字与包含文字的 HTML5 标签被称为一个元素。

由于在 HTML5 语法中，每个由 HTML5 标签与文字所形成的元素内，还可以包含另一个元素。因此，整个 HTML5 文件就像一个大元素，包含了许多小元素。

在所有 HTML5 文件中，最外层的元素是由<HTML5>标签建立的。在<HTML5>标签所建立的元素中，包含了两个主要的子元素，这两个子元素是由<head>标签与<body>标签建立的。<head>标签所建立的元素内容为文件标题，而<body>标签所建立的元素内容为文件主体。

3. 文件结构

在介绍 HTML5 文件结构之前，先来看一个简单的 HTML5 文件及其在浏览器上的显示结果。

下面开始编写一个 HTML5 文件，使用文件编辑器，例如 Windows 自带的记事本。

```
<HTML5>
<head>
<title>我的第一个HTML5网页</title>
</head>
<body>
红凤凰 粉凤凰，红粉凤凰花凤凰
</body>
</HTML5>
```

运行效果如图 1-8 所示。

从上述代码中可以看出，HTML5 文件的基本结构如图 1-9 所示。

图 1-8　HTML5 示例

```
文件开始 ——————— <html>
文件头 ——————— <head>
文件标题 ——————— <title>文件标题</title>
——————— </head>
文件体 ——————— <body>
文件正文
——————— </body>
文件结束 ——————— </html>
```

图 1-9　HTML5 文件的基本结构

其中，<head>与</head>之间的部分是 HTML5 文件的文件头部分，用以说明文件的标题和整个文件的一些公共属性。<body>与</body>之间的部分是 HTML5 文件的主体部分，下面介绍的标签，如果不加特别说明，均是嵌套在这一对标签中使用的。

1.2.2　HTML5 的基本标签

1. <html>文件开始标签

在任何一个 HTML 文件里，最先出现的 HTML 标签就是<html>，它用于表示该文件是以超文本标识语言（HTML）编写的。<html>标签是成对出现的，首标签<html>和尾标签</html>分别位于文件的最前面和最后面，文件中的所有内容都包含在其中，如下。

```
<html>
文件的全部内容
</html>
```

该标签不带任何属性。

事实上，我们现在常用的 Web 浏览器（例如 IE）都可以自动识别 HTML 文件，并不要求有<html>标签，也不会对该标签进行任何操作。但是，为了提高文件的适用性，使编写的 HTML 文件能适应不断变化的 Web 浏览器，我们还是应该养成使用这个标签的习惯。

2. <head>文件头标签

习惯上，我们把 HTML 文件分为文件头和文件主体两个部分。文件主体部分就是用户在 Web 浏览器窗口看到的内容，而文件头部分用来规定该文件的标题（出现在 Web 浏览器窗口的标题栏中）和文件的一些属性。

<head>标签是一个表示网页头部的标签。在由<head>标签所定义的元素中，并不放置网页的任何内容，

而是放置关于 HTML 文件的信息，也就是说它并不属于 HTML 文件的主体。它包含文件的标题、编码方式及 URL 等信息。这些信息大部分是用于提供索引、辨认或其他方面应用的。

写在<head>与</head>中间的文本，如果又写在<title>标签中，表示该网页的名称，并作为窗口的名称显示在这个网页窗口的最上方。

 如果 HTML 文件并不需要提供相关信息，可以省略<head>标签。

3. <title>文件标题标签

每个 HTML 文件都需要有一个文件名称。在浏览器中，文件名称作为窗口名称显示在该窗口的最上方，这对浏览器的收藏功能很有用。如果用户认为某个网页对自己很有用，今后想经常打开，可以单击 IE "收藏" 菜单中的 "添加到收藏夹" 命令将它保存起来，供以后调用。网页的名称要写在<title>和</title>之间，并且<title>标签应包含在<head>与</head>之中。

HTML 文件的标签是可以嵌套的，即在一对标签（母标签）中可以嵌入另一对子标签，用来规定母标签所含范围的属性或其中某一部分内容，嵌套在<head>标签中使用的主要有<title>标签。

4. <meta>元信息标签

<meta>标签提供的信息是用户不可见的，它不显示在页面中，一般用来定义页面的名称、关键字、作者等。在 HTML 文件中，<meta>标签不需要设置结束标记，在一个 HTML 页面中可以有多个<meta>标签。<meta>标签的常用属性有两个：name 和 http-equiv。其中 name 属性主要用于描述页面，以便于搜索引擎机器人查找、分类。

5. <body>页面主体标签

页面的主体部分以<body>标志它的开始，以</body>标志它的结束。在页面的主体标签中可设置很多属性，如表 1-1 所示。

表 1-1　<body>标签中可设置的属性

属性	描述
text	设定页面文字的颜色
bgcolor	设定页面背景的颜色
background	设定页面的背景图片
bgproperties	设定页面的背景图片为固定，不随页面的滚动而滚动
link	设定页面未访句链接的颜色
alink	设定鼠标单击时的链接颜色
vlink	设定页面已访问链接的颜色
topmargin	设定页面的上边距
leftmargin	设定页面的左边距

6. 页面注释标签

在页面中，除了以上这些基本标签外，还包含一种不显示在页面中的标签，那就是代码的注释标签。适当的注释可以帮助用户更好地了解页面中各个模块的划分情况，也有助于以后对代码的检查和修改。给代码加注释，是一种很好的编程习惯。在 HTML5 文件中，注释分为三类：在文件开始标签<html></html>中的注释、在 CSS 中的注释和在 JavaScript 中的注释，而 JavaScript 中的注释有两种形式。下面将对这三类注释的具体语法进行介绍。

（1）在文件开始标签<html></html>中的注释，具体语法如下。

`<!--注释的文字-->`

注释文字的标记很简单，只需要在语法中"注释的文字"的位置上添加需要的内容即可。

（2）在 CSS 中的注释，具体语法如下。

`/*注释的文字*/`

在 CSS 中注释时，只需要在语法中"注释的文字"的位置上添加需要的内容即可。

（3）在 JavaScript 脚本语言中的注释有两种形式：单行注释和多行注释。

单行注释的具体语法如下。

`//注释的文字`

注释文字的标记很简单，只需要在语法中"注释的文字"的位置上添加需要的内容即可。

多行注释的具体语法如下。

`/*注释的文字*/`

在 JavaScript 脚本中进行多行注释时，只需要在语法中"注释的文字"的位置上添加需要的内容即可。

在 JavaScript 脚本中添加多行注释或单行注释时，形式不是一成不变的。在进行多行注释时，单行注释也是有效的。运用"//注释的文字"对每一行文字进行注释达到的效果和"/*注释的文字*/"的效果一样。

1.3 使用 WebStorm 编写 HTML5 代码

使用 WebStorm
编写 HTML5 代码

WebStorm 是 JetBrains 公司旗下一款 JavaScript 开发工具。该软件支持不同浏览器的提示，还包括所有用户自定义的函数（项目中），代码补全功能支持所有流行的库，比如 jQuery、YUI、Dojo、Prototype、MooTools 和 Bindows 等，被广大的中国 JavaScript 开发者誉为"Web 前端开发神器""最强大的 HTML5 编辑器""最智能的 JavaScript IDE"等。

下面以 WebStorm 英文版为例，首先说明安装 WebStorm 11.0.4 的过程，再来介绍制作 HTML5 页面的方法。

1.3.1 下载和安装

（1）首先进入 WebStorm 官网下载页，如图 1-10 所示。

图 1-10　WebStorm 官网下载页

（2）单击链接"2018.3.1 for Windows(exe)"，开始下载 WebStorm-2018.3.1.exe，如图 1-11 所示。注意使用不同的浏览器时，页面下载提示信息可能会有所不同，只要下载的内容为 WebStorm 安装程序即可。

图 1-11　下载 WebStorm 安装程序

（3）下载完成之后，双击打开所下载的安装程序，如图 1-12 所示。单击图中下方的"Next"按钮可进入选择安装路径窗口，本例中，默认的安装路径为"C:\Program Files\JetBrains\WebStorm 183.4583.47"，用户也可以单击"Browse"按钮自定义安装路径，如图 1-13 所示。

图 1-12　开始安装

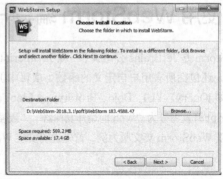

图 1-13　选择安装路径

（4）选择安装路径之后，单击"Next"按钮，为 WebStorm 选择安装选项，创建桌面快捷方式，如图 1-14 所示。选择完成后，继续单击"Next"按钮选择开始菜单文件夹，默认的是"JetBrains"，如图 1-15 所示。

图 1-14　选择安装选项

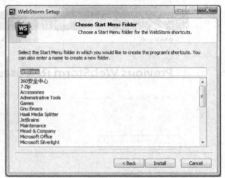

图 1-15　选择开始菜单文件夹

（5）单击图 1-15 中的 "Install" 按钮开始安装，安装的进度条如图 1-16 所示。安装进程结束后，单击图 1-16 中的 "Next" 按钮，弹出图 1-17 所示窗口，单击 "Finish" 按钮，完成 WebStorm 的安装。

图 1-16　显示 WebStorm 的安装进程

图 1-17　安装完成

1.3.2　创建 HTML5 工程和文件，运行 HTML5 程序

（1）首次打开 WebStorm 时，需要用户同意用户协议，如图 1-18 所示。在下方选中复选框后，单击 "Continue" 按钮，选择用户界面主题，如图 1-19 所示。主题有两个，一个比较暗的主题和一个比较亮的主题，用户根据自己的喜好选择便可。选择后，单击下方按钮 "Skip Remaining and Set Defaults" 跳过其余设置。

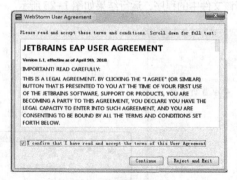

图 1-18　同意用户协议

图 1-19　设置界面主题

（2）单击按钮跳过其余设置后，将直接打开 WebStorm，如图 1-20 所示。在该窗口中选择 "Create New Project" 即可新建工程，然后进入图 1-21 所示的窗口，输入工程路径，或者单击文本框右侧的文件夹图标选择工程路径。完成后，单击下方 "Create" 按钮创建工程。

图 1-20　打开 WebStorm

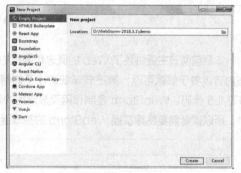

图 1-21　新建工程

（3）创建工程完成，则进入如图 1-22 所示窗口，在该窗口中选中新建的 HTML5 工程，然后右击鼠标，选择"New"→"HTML File"创建 HTML5 文件，窗口会弹出图 1-23 所示的对话框，在该对话框中为 HTML5 文件命名。

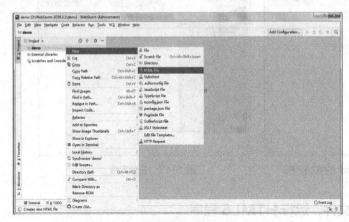

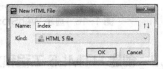

图 1-22　新建 HTML5 文件　　　　　图 1-23　为 HTML5 文件命名

（4）输入文件名称后，单击"OK"按钮，则弹出新建好的 HTML5 文件窗口，如图 1-24 所示。该窗口中<title></title>内为网页标题，<body></body>中为网页的正文。编写代码完成后，在代码区域的右上方单击 Google Chrome 图标，即可在谷歌浏览器中运行该文件中的程序，运行结果如图 1-25 所示。

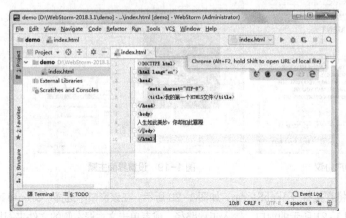

图 1-24　编写代码　　　　　　　　　图 1-25　运行结果

小　结

　　本章前两节主要讲述了 Web 的概念和网页的核心技术以及 HTML5 网页的基本结构等内容，这些内容读者了解就可以；第三节详细讲述了如何安装 WebStorm 及如何使用 WebStorm 编写 HTML5 代码。WebStorm 是制作网页最常用的可视化软件之一，也是本书所使用的制作网页的软件，所以读者需要熟练掌握 WebStorm 的基本运用方法。

习 题

1-1 网页制作的核心技术有哪些?

1-2 概述 HTML5 文件的基本结构。

1-3 创建一个 HTML 文档的开始标签是什么? 结束标签是什么?

1-4 元素的分类有哪些? 请分别具体说明。

1-5 说明网页中注释的意义以及添加注释的方式。

第2章

搭建网站雏形

■ 本章将详细讲解"公司介绍""合作伙伴""友情链接"和"联系方式"四个案例。由于在国内的一些在线教育网站中，比如"腾讯课堂"和"百度传课"等，都会有关于公司介绍、合作伙伴、友情链接和联系方式等内容的宣传和介绍，因此我们将通过这四个案例，讲解HTML5基础标签的运用。

本章要点

■ 掌握\<p\>标签和\<img\>标签
■ 简单运用\<hr\>\<br\>等标签美化页面
■ 熟练运用\<a\>链接标签，理解绝对定位和相对定位
■ 理解\<div\>标签和\<span\>标签的区别

2.1 【案例1】制作第一个 H5 案例

【案例1】制作第一个
H5 案例

2.1.1 案例描述

本案例非常简单，即明日学院的公司介绍的实现。具体完成效果如图 2-1 所示，该页面主要由文字元素构成。如果使用 Word 来制作的话，5 分钟就可以轻松完成。那么使用 HTML5 的技术来实现呢？也是相当容易。使用 <p> 段落标签和 <img> 图片标签即可轻松实现，下面我们将详细讲解实现过程。

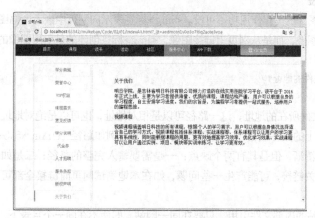

图 2-1 明日学院的"关于我们"

2.1.2 技术准备

1. <p> 段落标签

在 HTML5 中，文本的段落效果是通过 <p> 标签来实现的。<p> 标签会自动在其前后创建一些空白，浏览器则会自动添加这些空间。

（1）语法格式如下。

```
<p>段落文字</p>
```

（2）语法解释。

可以使用成对的 <p> 标签来划分段落，也可以使用单独的 <p> 标签来划分段落。

（3）举例：输出王者荣耀中英雄的台词，其代码如下（案例位置：光盘\MR\第 2 章\示例\2-1）。

```
<p>王者荣耀英雄台词</p>
<p>嬴政：天上天下，唯朕独尊</p>
<p>赵云：勇者之誓，甚于生死！心怀不惧，方能翱翔于天际！</p>
<p>白起：身在黑暗，心向光明</p>
<p>成吉思汗：雄鹰不为暴风折翼，狼群不因长夜畏惧！</p>
```

页面效果如图 2-2 所示。

说明

在 HTML5 中，标签大多是由起始标签和结束标签组成的。例如，<p> 标签在编码使用时，应该首先编写 <p> 起始标签和 </p> 结束标签，然后将文本内容放入两个标签之间。

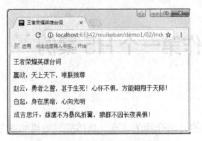

图 2-2　<p>标签的示例页面

2. <img>图片标签

网页的丰富多彩，图像的美化作用功不可没。<img>标签表示向网页中嵌入一幅图像。实际上，<img>标签并不会在网页中插入图像，而是从网页上链接图像，<img>标签创建的是引用图像的占位空间。

（1）语法如下。

```
<img src="图像文件的地址">
```

（2）语法解释。

src 用来设置图像文件所在的地址，这一路径可以是相对地址，也可以是绝对地址。

绝对地址就是网页上的文件或目录在硬盘上的真正路径，例如路径"D:\mr\5\5-1.jpg"。使用绝对地址定位链接目标文件比较清晰，但是其有两个缺点：一是需要输入完整的路径；二是如果该文件被移动了，就需要重新设置所有的相关链接，可能产生一些问题，如在本地测试网页时链接全部可用，但是到了网上就不可用了。

相对地址最适合网站的内部文件引用。只要在同一网站，即使不在同一个目录下，相对地址也非常适用。只要是处于站点文件夹之内，使用相对地址可以自由地在文件之间构建链接。这种地址形式利用的是构建链接的两个文件之间的相对关系，不受站点文件夹所处服务器位置的影响，因此这种地址形式省略了绝对地址中的相同部分。这样做的优点是：站点文件夹所在服务器地址发生改变时，文件夹的所有内部文件地址都不会发生改变。

相对地址的使用方法如下所示。

- ❑ 如果要引用的文件位于该文件的同一目录下，则只需输入要链接文档的名称，如 5-1.jpg。
- ❑ 如果要引用的文件位于该文件的下一级目录中，只需先输入目录名，然后加"/"，再输入文件名，如 mr/5-2.jpg。
- ❑ 如果要引用的文件位于该文件的上一级目录中，则先输入"../"，再输入目录名、文件名，如../ ../mr/ 5-2.jpg。

（3）举例：在网页中添加一张图片。具体代码如下（案例位置：光盘\MR\第 2 章\示例\2-2）。

```
<!DOCTYPE html>
<html lang="en">
<head>
    <meta charset="UTF-8">
    <title>引用图片</title>
</head>
<body>
    <img src="test.jpg">
</body>
</html>
```

页面效果如图 2-3 所示。

图 2-3　<img>标签的示例页面

2.1.3　案例实现

【例 2-1】　实现明日学院网站的公司介绍页面（案例位置：光盘\MR\第 2 章\源码\2-1）。

1. 页面结构简图

实现本实例需要通过<p>标签添加网站介绍的文字内容，具体页面布局如图 2-4 所示。

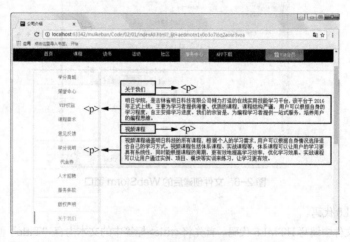

图 2-4　页面结构简图

2. 代码实现

（1）创建项目。

创建项目的步骤如下。

在计算机桌面找到并双击打开 WebStorm 代码编辑器。

单击"File"→"New project"，在弹出的对话框中，"Location"表示项目存储的地址，输入"D:\Demo2-1"，表示将项目存储在 D 盘下的 Demo2-1 文件夹中。然后单击"Create"按钮。

通过上述 2 个步骤，我们就完成了对项目 Demo2-1 的创建。项目创建后的 WebStorm 窗口如图 2-5 所示。

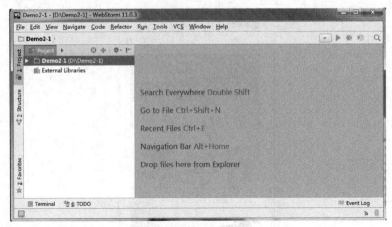

图 2-5　项目创建后的 WebStorm 窗口

（2）创建 index.html 文件。

index.html 文件用来编写页面代码，具体创建步骤如下。

鼠标选中 WebStorm 编辑器左侧的 Demo2-1 文件夹，使其背景色呈蓝色。

右击鼠标，在弹出的快捷菜单中选择"New"→"HTML File"，在弹出的对话框中，"Name"表示 HTML 文件名，输入"index"，然后单击"OK"按钮。

通过上述步骤，我们就完成了对文件 index.html 的创建。文件创建后的 WebStorm 窗口如图 2-6 所示。

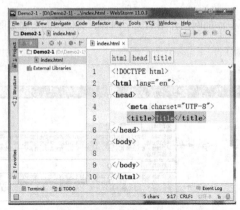

图 2-6　文件创建后的 WebStorm 窗口

（3）编写 HTML5 代码。

在 index.html 文件中编写 HTML5 代码。首先将<title>标签中的文本内容"Title"修改成"公司介绍"，然后在<body>标签内按照上下顺序编写页面内容。通过<p>标签，编写公司的介绍内容。具体代码如下。

```
<!DOCTYPE html>
<html lang="en">
<head>
    <meta charset="UTF-8">
    <title>公司介绍</title>
</head>
<body>
<p>关于我们</p>
<p>
```

　　明日学院，是吉林省明日科技有限公司倾力打造的在线实用技能学习平台，该平台于2016年正式上线，主要为学习者提供海量、优质的课程，课程结构严谨，用户可以根据自身的学习程度，自主安排学习进度。我们的宗旨是，为编程学习者提供一站式服务，培养用户的编程思维。

　　</p>
　　<p>视频课程</p>
　　<p>

　　视频课程涵盖明日科技的所有课程，根据个人的学习需求，用户可以根据自身情况选择适合自己的学习方式。视频课程包括体系课程、实战课程等，体系课程可以让用户的学习更具有系统性，同时能根据课程的周期，更有效地提高学习效率，优化学习效果。实战课程可以让用户通过实例、项目、模块等实训来练习，让学习更有效。

　　</p>
　　</body>
　　</html>

（4）运行项目。

　　代码编写完成后，在 WebStorm 的代码区右上角单击谷歌浏览器的图标，即可在谷歌浏览器中运行本实例，运行结果如图 2-1 所示。

2.1.4　动手试一试

　　通过本案例的学习，读者应该可以掌握<p>段落标签和<img>图片标签的应用方法。学完本节知识后，请尝试利用<img>标签实现淘宝商城中"猜你喜欢"页面，具体效果如图 2-7 所示（案例位置：光盘\MR\第 2 章\动手试一试\2-1）。

图 2-7　猜你喜欢页面

2.2　【案例 2】多图展示合作伙伴

2.2.1　案例描述

【案例 2】多图展示
合作伙伴

　　本案例将实现明日学院的合作伙伴页面。观察图 2-8 所示明日学院的合作伙伴页面，我们可以发现该页面与案例 1 的页面相似，同样由一些文字和一组图片构成，不同的是，案例 2 多出了一条分组用的水平线。水平线又是如何实现的呢？下面将进行详细讲解。

图 2-8　合作伙伴的页面效果

2.2.2　技术准备

1. <hr>水平线标签

在 HTML5 中使用<hr>水平线标签来创建一条水平线。水平线可以在视觉上将网页分割成几个部分。在代码中添加一个<hr>水平线标签，就相当于添加了一条默认样式的水平线。

（1）语法格式如下。

```
<hr>
```

（2）语法解释。

<hr>水平线标签没有结束标签，只有起始标签，因为在这样的标签中，不需要输入文本内容。在 HTML5 中，将这样的标签称为单标签，<img>图片标签也属于单标签。

（3）举例：列举制作果酱所需的材料。代码如下（案例位置：光盘\MR\第 2 章\示例\2-3）。

```html
<!DOCTYPE html>
<html>
<head>
    <!--指定页面编码格式-->
    <meta charset="UTF-8">
    <!--指定页头信息-->
    <title>水平线标签</title>
</head>
<body>
<!--表示文章主题-->
<h1>果酱制作的材料准备</h1>
<hr><!--使用水平线来画表格-->
<p>苹果两颗</p>
<hr/><!--使用水平线来画表格-->
<p>柠檬汁一匙</p>
<hr/><!--使用水平线来画表格-->
</body>
</html>
```

页面效果如图 2-9 所示。

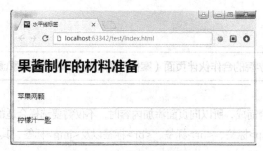

图 2-9 `<hr>`标签的示例页面

 说明

在 HTML5 中，可以使用"`<!--注释内容-->`"的方式对代码进行解释说明，浏览器对这部分代码不执行任何操作。

2. `<br>`换行标签

段落与段落之间是隔行换行的，这样会导致文字的行间距过大，这时可以使用换行标签来完成文字的紧凑换行显示。

（1）语法格式如下。

```
<p>
一段文字<br>一段文字
</p>
```

（2）语法解释。

一个`<br>`标签代表一个换行，连续的多个标签可以多次换行。

（3）举例：在网页中显示"程序员之歌"。其部分代码如下（案例位置：光盘\MR\第 2 章\示例\2-4）。

```
<p>   程序员之歌</p>
<p>           —— 《江城子》改编
</p>
<p>十年生死两茫茫，写程序，到天亮。<br>
    千行代码，Bug何处藏。<br>
    纵使上线又怎样，朝令改，夕断肠。<br>
    领导每天新想法，天天改，日日忙。<br>
    相顾无言，惟有泪千行。<br>
    每晚灯火阑珊处，程序员，加班狂。</p>
</body>
```

页面效果如图 2-10 所示。

图 2-10 `<br>`标签的示例页面

2.2.3 案例实现

【例2-2】 实现明日学院的合作伙伴页面（案例位置：光盘\MR\第2章\源码\2-2）。

1. 页面结构图

一个网页由多个标签组合而成，所以向页面添加内容时，不仅需要选择合适的标签，还要对每个标签进行合理的布局。本案例应用了<p>标签、<hr>标签、
标签以及<img>标签，其页面结构如图2-11所示。

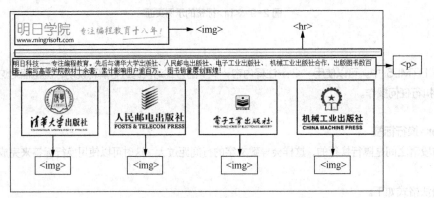

图2-11 页面结构图

2. 代码实现

（1）新建index.html文件，然后在该文件中编写HTML5代码。首先将<title>标签中的文本内容"Title"修改成"多图展示合作伙伴"，然后在<body>标签内按照上下顺序编写页面内容。我们通过<img>标签，引入logo.png图片，将公司图片链接进来，再通过<p>标签，编写公司的介绍内容。具体代码如下。

```html
<!DOCTYPE html>
<html>
<head>
    <!--指定页面编码格式-->
    <meta charset="UTF-8">
    <!--指定页头信息-->
    <title>多图展示合作伙伴</title>
</head>
<body>
<p><img src="logo.png"></p>
<hr>
<p>明日科技——专注编程教育。先后与清华大学出版社、人民邮电出版社、电子工业出版社、
    机械工业出版社合作，出版图书数百套，编写高等学院教材十余套，累计影响用户逾百万。
    图书销量屡创辉煌！</p>
<img src="1.png">
<img src="2.png">
<img src="3.png">
<img src="4.png">
</body>
</html>
```

（2）代码编写完成后，在WebStorm的代码区右上角单击谷歌浏览器的图标，即可在谷歌浏览器中运行本实例，运行结果如图2-8所示。

2.2.4　动手试一试

本案例讲解<hr>水平线标签和
换行标签。学完本节知识，请读者使用<p>标签、<img>标签以及<hr>标签制作明日学院官网中课程页面。具体页面效果如图 2-12 所示（案例位置：光盘\MR\第 2 章\动手试一试\2-2）。

图 2-12　明日学院课程页面

2.3　【案例 3】通过外链实现友情链接

2.3.1　案例描述

本案例来做一个友情链接，图 2-13 所示为明日学院的友情链接。友情链接的作用是可以链接到其他相关行业的网站，便于用户广泛浏览。网站之间是如何链接起来的呢？互联网的本质就是信息互联，依靠的就是<a>链接标签。下面将对其进行详细讲解。

图 2-13　明日学院的友情链接

2.3.2　技术准备

<a>链接标签

在 HTML5 中，<a>标签定义超链接，用于从一个网页链接到另一个网页。<a>标签中最重要的属性是 href 属性，它指示链接的目标。

（1）语法格式如下。

```
<a href="" target="">链接文字</a>
```

（2）语法解释。

❑ href：链接目标地址，是 Hypertext Reference 的缩写。

❑ target：打开新窗口的方式，主要有以下 4 个属性值。

- _blank：新建一个窗口打开。
- _parent：在父窗口打开。
- _self：在同一窗口打开（默认值）。
- _top：在浏览器的整个窗口打开，将会忽略所有的框架结构。

 在该语法中，链接地址可以是绝对地址，也可以是相对地址。

（3）举例：在网页中添加链接标签。代码如下（案例位置：光盘\MR\第 2 章\示例\2-5）。

```
<!DOCTYPE html>
<html>
<head>
    <!--指定页面编码格式-->
    <meta charset="UTF-8">
    <!--指定页头信息-->
    <title>a标签</title>
</head>
<body>
    <a href="http://www.mingrisoft.com/" target="_blank">明日学院</a>
</body>
</html>
```

页面效果如图 2-14 所示。

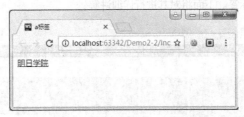

图 2-14　<a>标签的示例页面

 在填写链接地址时，为了简化代码和避免文件位置改变而导致链接出错，一般填写相对地址。

2.3.3　案例实现

【例 2-3】通过外链实现友情链接（案例位置：光盘\MR\第 2 章\源码\2-3）。

1. 页面结构简图

本实例中主要使用了<img>标签、<p>标签以及<a>标签，各标签在页面中的使用如图 2-15 所示。

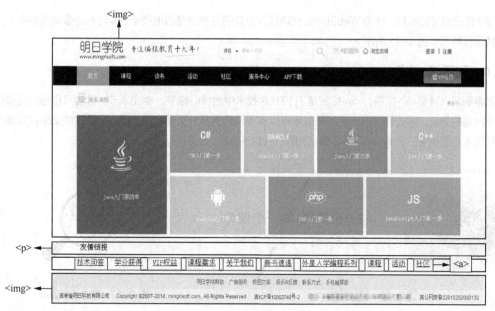

<img>

<p>

<a>

<img>

图 2-15 页面结构简图

2. 代码实现

（1）新建 index.html 文件，在该文件中添加图片文字等内容。具体代码如下。

```html
<!DOCTYPE html>
<html><head>
    <meta charset="UTF-8">
    <title>友情链接</title>
</head>
<body>
<img src="img.jpg">
<p>    友情链接</p>
<p>   
    <a href="http://www.mingrisoft.com/bbs.html" target="_blank">技术问答</a> 
    <a href="http://www.mingrisoft.com/Index/ServiceCenter/credits.html" target="_blank">
学分获得</a> 
    <a href="http://www.mingrisoft.com/Index/ServiceCenter/vip.html" target="_blank">
VIP权益</a> 
    <a href="http://www.mingrisoft.com/Index/ServiceCenter/course_need.html" target="_
blank">课程需求</a> 
    <a href="http://www.mingrisoft.com/Index/ServiceCenter/aboutus.html" target="_blank">
关于我们</a> 
    <a href="http://www.mingrisoft.com/Book/bookLists/type/new.html" target="_blank">新
书速递</a> 
    <a href="http://www.mingrisoft.com/Book/bookLists/type/alien.html" target="_blank">
外星人学编程系列</a> 
    <a href="http://www.mingrisoft.com/selfCourse.html" target="_blank">课程</a> 
    <a href="http://www.mingrisoft.com/onehour.html" target="_blank">活动</a> 
    <a href="http://www.mingrisoft.com/bbs.html" target="_blank">社区</a> 
</p>
<img src="bottom.jpg">
</body>
</html>
```

（2）代码编写完成后，单击 WebStorm 代码区右上角的谷歌浏览器的图标，即可在谷歌浏览器中运行本实例，其运行结果如图 2-13 所示。

2.3.4 动手试一试

本案例重点讲解<a>标签，<a>标签是 HTML5 技术中的核心标签。学完本节，读者可以通过链接标签实现一个网站的导航，单击图 2-16 中的导航项可以实现跳转到另一页面，单击图 2-17 中的文字或者图片可以返回首页（案例位置：光盘\MR\第 2 章\动手试一试\2-3）。

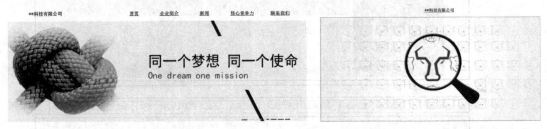

图 2-16 网站导航   图 2-17 单击返回首页

2.4 【案例 4】分组标签制作联系方式

【案例 4】分组标签
制作联系方式

2.4.1 案例描述

本案例将实现明日学院网站的"联系我们"页面。观察图 2-18 所示明日学院网站的"联系我们"页面，会发现页面的内容较多，所以案例 4 将介绍<div>和<span>分组标签，对页面的内容进行分类分组处理。下面将详细介绍<div>标签和<span>标签。

图 2-18 明日学院网站的"联系我们"页面

2.4.2 技术准备

\<div>和\<span>分组标签

在 HTML5 中，我们使用\<div>标签和\<span>标签来分组。如同 Word 文档中的段落，可以使用\<div>标签和\<span>标签对 HTML5 当中的其他标签进行分组管理。

（1）语法格式如下。

```
<div>
        块状分组内容
</div>
<span>行内分组内容</span>
```

（2）语法解释。

\<div>标签可以定义文档中的分区或节。\<div>占用的宽度是一行，这意味着\<div>\</div>中的内容自动地开始一个新行。

\<span>标签用来对同一行内的文字分类分组。\<span>占用的宽度与分组内容的宽度一致。

（3）举例：在网页中添加\<div>标签和\<span>标签（案例位置：光盘\MR\第 2 章\示例\2-6）。

```
<!DOCTYPE html>
<html lang="en">
<head>
    <meta charset="UTF-8">
    <title>test</title>
</head>
<body>
    <div>分组一：使用div标签</div>
    <div>分组二：使用div标签</div>
    <span>分组三：使用span标签</span>
    <span>分组四：使用span标签</span>
<br>
</body>
</html>
```

页面效果如图 2-19 所示。

图 2-19　\<div>和\<span>标签的示例页面

在 HTML5 中，可以使用"\<!--注释内容-->"的方式对代码进行解释说明，浏览器对这部分注释代码不执行任何操作。

2.4.3 案例实现

【例 2-4】 通过外链实现友情链接（案例位置：光盘\MR\第 2 章\源码\2-4）。

1. 页面结构简图

本案例中使用的标签有<img>标签、<div>标签以及<p>标签，各标签的功能如图 2-20 所示。

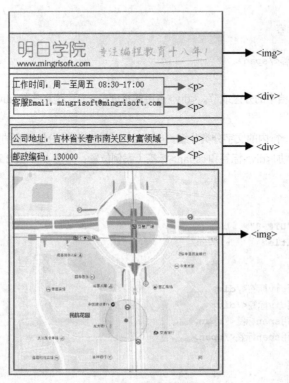

图 2-20　页面结构简图

2. 代码实现

（1）新建 index.html 文件，在该文件中编写 HTML 代码，具体代码如下。

```html
<!DOCTYPE html>
<html lang="en">
<head>
    <meta charset="UTF-8">
    <title>联系我们</title>
</head>
<body style="background-image: url(bg.jpg)">
<img src="logo.png">
<div>
    <p>工作时间：周一至周五 08:30-17:00</p>
    <p>客服Email: mingrisoft@mingrisoft.com</p>
</div>
<br>
<div>
    <p>公司地址：吉林省长春市南关区财富领域</p>
    <p>邮政编码：130000</p>
```

```
    </div>
    <img src="map.png" width="400px">
    </body>
    </html>
```

（2）代码编写完成后，单击 WebStorm 代码区右上角的谷歌浏览器图标，即可运行本实例，具体运行效果如图 2-18 所示。

2.4.4 动手试一试

通过本案例，读者应该理解<div>标签和<span>标签的区别，并且能够灵活应用。学完本案例，读者可以尝试制作如图 2-21 所示的商品详情页面（案例位置：光盘\MR\第 2 章\动手试一试\2-4）。

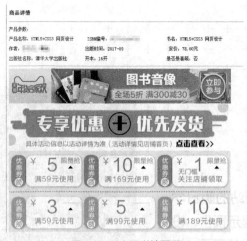

图 2-21 商品详情页面

小 结

本章主要讲解了 HTML5 网页中一些常用的添加文字和图片等内容的标签。学完本章后，读者应该掌握如何在网页中添加文字和图片，尤其是可以添加文字的标签有很多，读者应该会灵活选择这些标签。

习 题

2-1 简述<p>标签和
标签的区别是什么。

2-2 概述绝对地址和相对地址的利弊。

2-3 使用链接标签打开新窗口的方式有哪些？

2-4 <div>标签和<span>标签的区别是什么？

2-5 如何为图片添加链接？

第3章

用CSS3装饰网站

本章通过制作在线学习网站的明日学院新书速递、时间轴方式显示预告、设置学习兴趣和课程主题背景等网页，学习 CSS3 的相关知识。CSS3 是早在几年前就问世的一种样式表语言，至今还没有完成所有规范化草案的制订。虽然最终的、完整的、规范权威的 CSS3 标准还没有尘埃落定，但是各主流浏览器已经开始支持其中的绝大部分特性。如果想成为前卫的高级网页设计师，那么就应该从现在开始积极去学习和实践 CSS3。本章将对 CSS3 的新特性、CSS3 的常用属性以及常用的几种CSS3 选择器进行详细讲解。

本章要点

- 了解CSS的发展历史
- 掌握CSS3语法
- 理解类选择器和ID选择器
- 能够运用CSS中文本、列表以及背景相关属性

3.1 【案例 1】图文混排展示新书速递

3.1.1 案例描述

本案例实现了明日学院新书速递页面。通过这个案例，向读者介绍 CSS3 的相关内容。根据之前学习的内容，我们不用 CSS3 也可以做出图 3-1 所示的新书速递页面，但是 CSS3 因其高效以及功能强大等特性已经成为今日制作网站的标配。下面将详细讲解。

图 3-1 明日学院新书速递页面

3.1.2 技术准备

1. CSS 的发展史

CSS（Cascading Style Sheets，层叠样式表）是一种网页控制技术，采用 CSS 技术，可以有效地对页面布局、字体、颜色、背景和其他效果实现更加精准地控制。网页最初用 HTML 标签定义页面文档及格式，例如标题标签<h1>、段落标签<p>等，但是这些标签无法满足更多的文档样式需求。为了解决这个问题，W3C 在 1997 年公布 HTML4 标准的同时，也公布了 CSS 的第一个标准 CSS1。自 CSS1 之后，W3C 又在 1998 年 5 月发布了 CSS2，在这个样式表中开始使用样式表结构。又过了 6 年，也就是 2004 年，CSS2.1 被正式推出。它在 CSS2 的基础上略微做了改动，删除了许多诸如 text-shadow 等不被浏览器所支持的属性。

然而，现在所使用的 CSS 基本上是在 1998 年推出的 CSS2 的基础上发展而来的。在 Internet 刚开始普及的时候，就能够使用样式表来对网页进行视觉效果的统一编辑，确实是一件可喜的事情。但是在这 10 多年间 CSS 可以说是基本上没有什么很大的变化，一直到 2010 年 W3C 终于推出了一个全新的版本——CSS3。

与 CSS 以前的版本相比较，CSS3 的变化是革命性的，而不是仅限于局部功能的修订和完善。尽管 CSS3 的一些特性还不能被很多浏览器支持，或者说浏览器支持得还不够好，但是它依然让我们看到了网页样式的发展方向和前景。

2. 选择器

CSS 可以改变 HTML 标签的样式，那么 CSS 是如何改变它的样式的呢？简单地说，就是告诉 CSS 三件事："改变谁""改什么""怎么改"。告诉 CSS"改变谁"时就需要用到选择器，选择器是用来选择标签的，比如 ID 选择器就是通过 ID 来选择标签，类选择器就是通过类名选择标签；"改什么"就是告诉 CSS 改变这个标签的具体样式属性；"怎么改"则是指定这个样式属性的属性值。

举个例子，如果我们想要将 HTML 中所有<p>标签内的文字变成红色，需要通过标签选择器告诉 CSS 要改变所有<p>标签，改变它的颜色属性，改为红色。清楚了这三件事，CSS 就可以为我们服务了。

通过选择器选中的标签是所有符合条件的标签，所以不一定只有一个标签。

3. ID 选择器和类选择器

ID 选择器可以为含有 ID 属性的标签指定 CSS 样式，ID 选择器以"#"来定义；类选择器可以为含有 class 属性的标签指定 CSS 样式，类选择器以"."来定义。

（1）语法格式如下。

ID 选择器：

```
#red{color:red;}
```

类选择器：

```
.red{color:red;}
```

（2）语法解释。

类选择器和 ID 选择器的区别如下。

第一个区别是 ID 选择器前面有一个"#"号，也称为棋盘号或井号，语法如下。

```
#intro{color:red;}
```

而类选择器前面有一个"."号，即英文格式下的句号（半角句号），语法如下。

```
.intro{color:red;}
```

第二个区别是 ID 选择器引用 ID 属性的值，而类选择器引用的是 class 属性的值。

在一个网页中标签的 class 属性可以定义多个，而 ID 属性只能定义一个。比如一个页面中只能有一个标签的 ID 的属性值为"intro"。

3.1.3 案例实现

【例 3-1】 图文混排展示新书速递（案例位置：光盘\MR\第 3 章\源码\3-1）。

1. 页面结构简图

本案例使用了<div>标签，<p>标签以及<img>标签等，并且为给各标签添加样式，分别设置了 class 属性，各标签的分布以及 class 属性如图 3-2 所示。

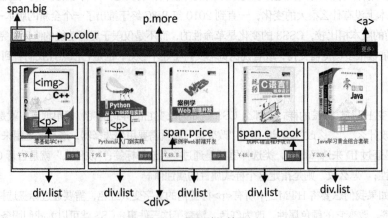

图 3-2　页面结构简图

2. 代码实现

（1）新建 index.html 文件，在 index 文件的<body>标签中添加 HTML 代码，添加图片以及文字等内容，代码如下。

```html
<body>
<div class="cont">
    <p class="color"><span class="big">新</span>书速递</p>
    <p class="more"><a>更多></a></p>
    <div>
        <div class="list">
            <img src="img/book1.png">
            <p>零基础学C++</p>
            <p><span class="price">￥79.8</span><span class="e_book">数字书</span></p>
        </div>
        <div class="list">
            <img src="img/book2.png">
            <p>Python从入门到实践</p>
            <p><span class="price">￥99.8</span><span class="e_book">数字书</span></p>
        </div>
        <div class="list">
            <img src="img/book3.png">
            <p>案例学web前端开发</p>
            <p><span class="price">￥49.8</span><span class="e_book">数字书</span></p>
        </div>
        <div class="list">
            <img src="img/book4.png">
            <p>玩转C语言程序设计</p>
            <p><span class="price">￥49.8</span><span class="e_book">数字书</span></p>
        </div>
        <div class="list">
            <img src="img/book5.jpg">
            <p>Java学习黄金组合套装</p>
            <p><span class="price">￥209.4</span></p>
        </div>
    </div>
</div>
</div>
```

（2）在 index.html 文件的<head>标签中添加<style>标签，然后在<style>标签中编写 CSS 代码，具体代码如下。

```css
<style>
    * {                              /*设置所有标签的共有样式*/
        padding: 0;                  /*设置所有标签的内间距*/
        margin: 0;                   /*设置所有标签的外间距*/
    }
    .cont {                          /*通过类选择器设置主题内容样式*/
        width: 1140px;              /*设置宽度*/
        margin: 20px auto;          /*通过外间距设置内容的位置*/
    }
    .color {                         /*设置字体颜色*/
        color: #51bcff;             /*设置字体颜色*/
        height: 45px;               /*设置标签高度*/
    }
```

```
        .big {                              /*设置"新书速递"中第一个字的样式*/
            font-size: 30px;
            font-weight: bold;
        }
        .more {                             /*设置文字"更多"的样式*/
            background: #343434;             /*设置背景颜色*/
            color: #fff;
        }
        .list img {                         /*设置图片样式*/
            margin-top: 10px;                /*设置向上的外间距*/
            height: 203px;                   /*设置图片高度*/
        }
        .list {                             /*设置图书列表的样式*/
            margin-top: 20px;
            width: 215px;                    /*设置宽度*/
            margin-left: 11px;               /*设置向左的外间距*/
            float: left;                     /*设置浮动*/
            border: 1px silver solid;        /*设置边框样式*/
            text-align: center;              /*设置文本对齐方式*/
        }
        p {                                 /*设置所有p标签的样式*/
            padding: 0 10px;                 /*设置内间距*/
            height: 40px;
            line-height: 40px;               /*设置行高*/
        }
        .price {
            color: #ff0c2a;
            float: left;
        }
        .e_book {                           /*设置所有"电子书"文字样式*/
            display: inline-block;           /*在页面中显示方式*/
            height: 26px;
            line-height: 26px;
            margin: 10px 0;
            color: #fff;                     /*设置文字颜色*/
            background: #ff0c2a;
            font-size: 12px;
            padding: 0 4px;
            float: right;
        }
        a {
            float: right;
            line-height: 40px;               /*设置行高*/
        }
    </style>
```

（3）代码编写完成后，单击 WebStorm 代码区右上角的谷歌浏览器图标，即可运行本实例，运行结果如图 3-1 所示。

3.1.4　动手试一试

本案例主要介绍了 CSS 的发展历史，重点讲解了 CSS3 中的 ID 选择器和类选择器。学完本节，读者可以尝试制作"新年换新机"页面，具体效果如图 3-3 所示（案例位置：光盘\MR\第 3 章\动手试一试\3-1）。

图 3-3　"新年换新机"页面

3.2　【案例 2】时间轴方式的直播预告

3.2.1　案例描述

本案例实现了一个时间轴方式显示直播预告页面，具体如图 3-4 所示，我们可以看到页面右侧有一个时间轴，它从上到下将内容一条一条地展示出来，这就运用了 HTML 中的列表。HTML 列表作为页面布局重要的工具，在这里发挥了巨大的作用。下面我们将对其进行详细讲解。

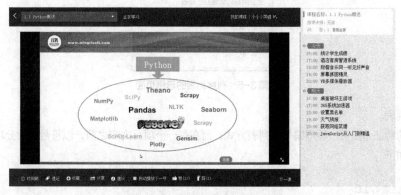

图 3-4　时间轴方式显示直播预告

3.2.2　技术准备

1．HTML 列表

HTML 中的列表形式在网站设计中占有较大的比重，列表使页面信息整齐直观地显示出来，便于用户理解页面。我们在后面的 CSS 样式学习中将大量使用到列表。列表分为两种类型，一种是有序列表，一种是无序列表。

（1）有序列表。

有序列表使用编号，而不是项目符号来编排项目。有序列表中的项目采用数字或英文字母开头，通常各项目间有先后顺序。在有序列表中，主要使用<ol>和<li>两个标签。

语法格式如下。

```
<ol>
    <li>第1项</li>
    <li>第2项</li>
    <li>第3项</li>
    …
</ol>
```

语法解释。

在该语法中，<ol>和</ol>标签分别标志着有序列表的开始和结束，而<li>标签表示一个列表项的开始，默认情况下，采用数字序号对列表项进行排列。

举例：在网页中显示王者荣耀的最强射手排名，其代码如下（案例位置：光盘\MR\第3章\示例\3-1）。

```
<p>王者荣耀的最强射手排名</p>
<ol>
    <li>伽罗</li>
    <li>虞姬</li>
    <li>黄忠</li>
    <li>后羿</li>
    <li>狄仁杰</li>
</ol>
```

页面效果如图3-5所示。

图3-5 有序列表的示例页面

（2）无序列表。

无序列表的特征是提供一种不编号的列表方式，而在每一个项目文字之前，以符号作为分项标识。

语法格式如下。

```
<ul>
    <li>第1项</li>
    <li>第2项</li>
    …
</ul>
```

语法解释。

在该语法中，使用<ul>和</ul>标签分别表示一个无序列表的开始和结束，而<li>则表示一个列表项的开始。在一个无序列表中可以包含多个列表项。

举例：在页面中显示蚂蚁庄园爱心荣誉值排行榜，代码如下（案例位置：光盘\MR\第3章\示例\3-2）。

```
<p>蚂蚁森林好友收取能量提醒</p>
<ul>
    <li>啊木木   收取能量54g</li>
    <li>喵星人   收取能量32g</li>
```

```
<li>你家宝宝  收取能量8g</li>
<li>@-@     收取能量1g</li>
</ul>
```

页面效果如图 3-6 所示。

图 3-6　无序列表的示例页面

2. CSS 列表属性

HTML 语言中提供了列表标签，通过列表标签可以将文字或其他 HTML 元素以列表的形式依次排列。为了更好地控制列表的样式，CSS 提供了一些属性，我们可以通过这些属性设置列表的项目符号的种类、图片位置以及排列顺序等。下面仅列举列表中常用的 CSS 属性。

❏ list-style：把所有用于列表的属性设置在一个声明中。

❏ list-style-image：将图像设置为列表项标志。

❏ list-style-position：设置列表项标志的位置。

❏ list-style-type：设置列表项标志的类型。

举例：实现网页导航，代码如下（案例位置：光盘\MR\第 3 章\示例\3-3）。

（1）新建 HTML 文件，在 HTML 文件中使用无序列表添加导航文字，具体代码如下。

```
<div class="cont">
    <div class="top">
        <ul>
            <li>商品分类</li>
            <li>春节特卖</li>
            <li>会员特价</li>
            <li>鲜果时光</li>
            <li>机友必看</li>
        </ul>
    </div>
    <div class="bottom">
        <ul>
            <li>女装/内衣</li>
            <li>男装/户外</li>
            <li>女鞋/男鞋</li>
            <li>手表/饰品</li>
            <li>美妆/家居</li>
            <li>零食/鲜果</li>
            <li>电器/手机</li>
        </ul>
    </div>
</div>
```

（2）建立一个 CSS 文件，在 CSS 文件中设置页面的布局以及列表样式，具体 CSS 代码如下。

```css
*{                                          /*通配选择器，选中页面中所有标签*/
    margin:0;                               /*清除页面中所有标签的外间距*/
    padding:0;                              /*清除页面中所有标签的内间距*/
}
.cont{                                      /*类选择器设置页面的整体样式*/
    height: 400px;                          /*设置页面的整体高度*/
    width: 800px;                           /*设置页面的整体宽度*/
    margin: 0 auto;                         /*使内容在页面中左右自适应*/
    background: url("../img/bg.jpg") no-repeat;/*设置背景图片以及重复方式*/
    background-size: 100% 100%;             /*设置背景图片的尺寸*/
}
.top{                                       /*设置上方导航栏的样式*/
    height: 30px;                           /*设置导航栏高度*/
    background: #ff0000;                     /*设置导航栏背景颜色*/
    text-align: left;                       /*设置列表对齐方式*/
}
.bottom{                                    /*设置侧边导航栏的样式*/
    width: 210px;                           /*设置侧边导航栏的宽度*/
    text-align: left;                       /*设置侧边导航的对其方式*/
    margin-left: 10px;                      /*设置向左的外间距*/
}
```

（3）分别设置两个导航栏中列表项的样式，具体代码如下。

```css
.top ul>:first-child{                       /*单独设置导航栏中第一项的样式*/
    width: 250px;                           /*设置导航栏中第一项的宽度*/
}
.top ul li{                                 /*设置导航栏中其他列表项的样式*/
    text-align: center;                     /*文字的对齐方式*/
    width: 130px;                           /*其他列表项的宽度*/
    list-style-type: none;                  /*设置列表项的项目符号的类型*/
    float: left;                            /*设置列表项的浮动方式*/
    line-height: 30px;                      /*设置行高*/
}
.bottom ul li{                              /*设置侧边导航的列表项的样式*/
    text-align: center;                     /*设置列表项中文字的对齐方式*/
    height: 40px;                           /*设置列表项的高度*/
    list-style-image: url("../img/list1.png"); /*设置列表项的图标*/
    list-style-position: inside;            /*设置列表项的图标的位置*/
    border-radius: 10px;                    /*设置列表项的圆角边框*/
    margin-top: 5px;                        /*设置列表项的向上的外间距*/
    border: 1px dashed red;                 /*设置边框样式*/
}
.bottom ul li:hover{                        /*设置当鼠标指针滑过列表项的样式*/
    list-style-image: url("../img/list2.png"); /*设置列表项的项目符号*/
    background: rgba(255,255,255,0.5);      /*设置背景颜色*/
}
```

页面效果如图 3-7 所示。

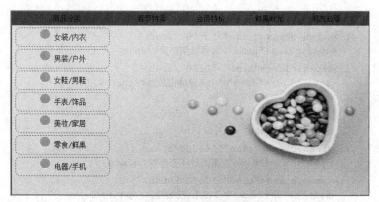

图 3-7　CSS 列表属性的示例页面

3.2.3　案例实现

【例 3-2】 以时间轴方式显示直播预告（案例位置：光盘\MR\第 3 章\源码\3-2）。

1. 页面结构简图

本案例主要通过无序列表来实现以时间顺序排列课程列表，案例中使用的标签以及类名如图 3-8 所示。

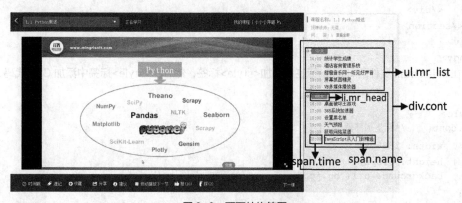

图 3-8　页面结构简图

2. 代码实现

（1）新建 index.html 文件，在 index.html 文件的<body>标签中编写 HTML 代码，添加无序列表标签以及文字内容，具体代码如下。

```html
<body >
<div class="cont">
    <p></p>
    <section >
        <div>
            <ul class="mr_list">
                <li class="mr_head">今天</li>
                <li><span class="time">16:00</span>
                    <span class="name">统计学生成绩</span></li>
                <li><span class="time">17:00</span>
                    <span class="name">酒店客房管理系统</span></li>
                <li><span class="time">18:00</span>
```

```
            <span class="name">甜橙音乐网--听见好声音</span></li>
        <li><span class="time">19:00</span>
            <span class="name">屏幕抓图精灵</span></li>
        <li><span class="time">20:00</span>
            <span class="name">VB多媒体播放器</span></li>
    </ul>
    <ul class="mr_list">
        <li class="mr_head">明天</li>
        <li><span class="time">16:00</span>
            <span class="name">桌面破坏王游戏</span></li>
        <li><span class="time">17:00</span>
            <span class="name">365系统加速器</span></li>
        <li><span class="time">18:00</span>
            <span class="name">设置黑名单</span></li>
        <li><span class="time">19:00</span>
            <span class="name">天气预报</span></li>
        <li><span class="time">20:00</span>
            <span class="name">获取网络菜谱</span></li>
        <li><span class="time">20:00</span>
            <span class="name">JavaScript从入门到精通</span></li>
    </ul>
    </div>
    </section>
</div>
</body>
```

（2）在index.html文件的\<head\>标签中添加\<style\>标签，然后在\<style\>标签中添加CSS代码，具体代码如下。

```
<style>
    .cont{      /*标签选择器*/
        width: 1366px;
        height: 615px;
        background: url("bg.jpg");          /*添加背景图片*/
    }
    p{
        height: 106px;
    }
    section{
        margin-left: 995px;
    }
    li {
        list-style: none; /*清除无序列表样式*/
        margin-bottom: 8px;
        width: 292px;
        height: 16px;
        line-height: 16px;
        overflow: hidden; /*溢出部分的显示方式*/
    }
    .mr_head {      /*类选择器*/
        width: 55px;
        height: 19px;
```

```
            line-height: 18px;
            color: #fff;
            margin-top: 14px;
            padding-left: 19px;
            text-align: center;
            background: url(1.png) no-repeat 0 -26px;      /*背景样式*/
        }
        .time {                                            /*设置时间样式*/
            float: left;
            margin-left: 12px;
            color: #2594e3;
        }
        .name {                                            /*设置课程名称样式*/
            display: block;
            float: left;
            width: 218px;
            height: 16px;
            margin-left: 11px;
        }
</style>
```

（3）代码编写完成后，运行代码，具体运行结果如图 3-4 所示。

3.2.4　动手试一试

本案例主要讲解常用列表标签和列表相关 CSS 属性。学完本案例，读者可以尝试制作明日学院官网最新动态列表，具体效果如图 3-9 所示（案例位置：光盘\MR\第 3 章\动手试一试\3-2）。

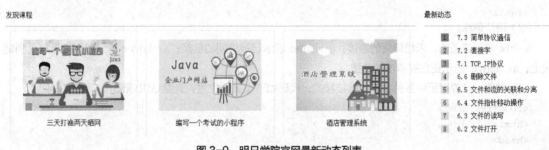

图 3-9　明日学院官网最新动态列表

3.3　【案例 3】美化学习兴趣分类页面

3.3.1　案例描述

本案例实现了一个设置学习兴趣页面。观察图 3-10 所示的设置学习兴趣页面，我们发现可以使用列表相关的内容完成页面布局，同时页面文字的颜色也可以使用 CSS 样式属性进行设置。接下来将对本案例进行详细讲解。

图 3-10　设置学习兴趣

3.3.2　技术准备

1. <a>链接标签的 CSS 属性

<a>链接标签可以设置的 CSS 属性有很多，但是链接的特殊性在于能够根据它们所处的状态来设置它们的样式。

（1）语法格式如下。

```
a:link
a:visited
a:hover
a:active
```

（2）语法解释。

a:link 表示普通的、未被访问的链接；a:visited 表示已被访问的链接；a: hover 表示鼠标指针移动到链接上；a: active 表示正在被单击的链接。

（3）举例：设置网页中各种状态的链接样式，代码如下（案例位置：光盘\MR\第 3 章\示例\3-4）。

```html
<!DOCTYPE html>
<html>
<head>
    <style>
        a:link {color:#FF0000;}     /* 未被访问的链接 */
        a:visited {color:#00FF00;}  /* 已被访问的链接 */
        a:hover {color:#FF00FF;}    /* 鼠标指针移动到链接上 */
        a:active {color:#0000FF;}   /* 正在被单击的链接 */
    </style>
</head>
<body>
<p><b><a href="/index.html" target="_blank">这是一个链接</a></b></p>
<p><b>注释: </b>为了使定义生效, a:hover 必须位于 a:link 和 a:visited 之后! ! </p>
<p><b>注释: </b>为了使定义生效, a:active 必须位于 a:hover 之后! ! </p>
</body>
</html>
```

页面效果如图 3-11 所示。

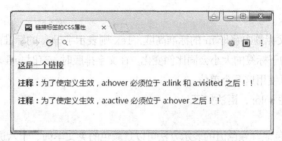

图 3-11 链接标签 CSS 属性的示例页面

2. 文本相关的 CSS 属性

HTML5 中常用的文本样式可以使用 CSS 属性实现。除此之外，文本的对齐方式、换行风格等可以通过 CSS 中文本相关属性来设置。

（1）设置字体属性 font-family，语法如下。

```
font-family: name,[name1],[name2]
```

name：字体的名称。name1 和 name2 类似于"备用字体"，即若计算机中含有 name 字体则显示为 name 字体，若没有 name 字体则显示为 name1 字体，若计算机中也没有 name1 字体则显示为 name2 字体。

例如在下面代码中，把所有类名为"mr-font1"的标签中文字的字体设置为宋体，如果计算机中没有宋体，则将文字设置为黑体，如果计算机中也没有黑体，就将文字设置为楷体。

```
.mr-font1 {
    font-family: "宋体","黑体","楷体";
}
```

输入字体名称时，不要输入中文（全角）的双引号，而要使用英文（半角）的双引号。

（2）设置字号属性 font-size，语法如下。

```
font-size:length
```

length 指字体的尺寸，由数字和长度单位组成。这里的单位可以是相对单位也可以是绝对单位，绝对单位不会随着显示器的变化而变化。表 3-1 列举了常用的绝对单位。

表 3-1　绝对单位及其说明

绝对单位	说明
in	inch,英寸
cm	centimeter, 厘米
mm	millimeter,毫米
pt	point,印刷的点数，在一般的显示器中 1pt 相当于 1/72 inch
pc	pica,1pc=12pt

常见的相对单位有 px、em 和 ex，下面将逐一介绍它们的用法。

❑　长度单位 px。

px 是一个长度单位，表示在浏览器上 1 个像素的大小。因为不同的显示器分辨率不同，每个像素的实际大小也就不同，所以 px 被称为相对单位，也就是相对于 1 个像素的比例。

❑ 长度单位 em 和 ex。

1em 表示的长度是其父标签中字母 m 的标准高度，1ex 则表示字母 x 的标准高度。当父标签的文字大小变化时，使用这两个单位的子标签的大小会同比例变化。在文字排版时，有时会要求第一个字母比其他字母大很多，并下沉显示，就可以使用这两个单位。

（3）设置文字颜色属性 color，语法如下。

```
color: color
```

color 指的是具体的颜色值。颜色值的表示方法可以是颜色的英文单词、十六进制、RGB 或者 HSL。

文字的各种颜色配合其他页面标签形成了五彩缤纷的页面。在 CSS 中文字颜色是通过 color 属性设置的，例如以下代码都表示蓝色，且在浏览器中都可以正常显示。

```
h3{color:blue;}              /* 使用颜色词表示颜色*/
h3{color:#0000ff;}           /* 使用十六进制表示颜色*/
h3{color:#00f;}              /* 十六进制的简写，全写为：#0000ff*/
h3{color:rgb(0,0,255);}      /* 分别给出红绿蓝3个颜色分量的十进制数值，也就是RGB格式*/
```

说明

如果读者对颜色的表示方法还不熟悉，或者希望了解各种颜色的具体名称，建议在互联网上继续检索相关信息。

（4）设置文字的水平对齐方式属性 text-align，语法如下。

```
text-align:left|center|right|justify
```

❑ left：左对齐。

❑ center：居中对齐。

❑ right：右对齐。

❑ justify：两端对齐。

（5）设置段首缩进属性 text-indent，语法如下。

```
text-indent:length
```

length 就是由百分比数值或浮点数和单位标识符组成的长度值，允许为负值。我们可以这样理解，text-indent 属性定义了两种缩进方式，一种是直接定义长度缩进，由浮点数和单位标识符组合表示，另一种就是通过百分比定义缩进。

3.3.3 案例实现

【例 3-3】美化学习兴趣分类页面（案例位置：光盘\MR\第 3 章\源码\3-3）。

1. 页面结构简图

本案例主要通过 4 个无序列表实现各类学习课程的表示，具体页面结构如图 3-12 所示。

2. 代码实现

（1）新建 index.html 文件，在 index.html 文件中编写代码，将<title>标签中的文本写为本案例的标题，然后在<body>标签中编写代码，部分代码如下。

```
<body>
    <div class="category">
        <h2 class="title">
            设置学习兴趣
            <span class="category-subtitle">我们帮你挑选内容</span>
        </h2>
```

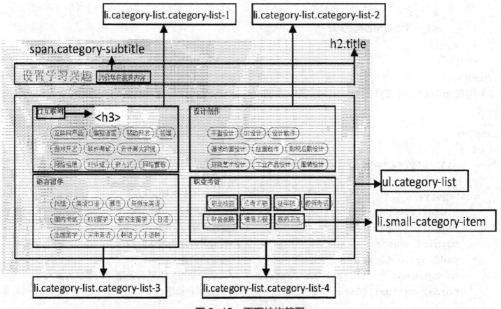

图 3-12　页面结构简图

```
<ul class="category-list">
    <li class="category-item category-item-1">
        <h3>IT互联网</h3>
        <ul class="small-category">
            <li class="small-category-item">互联网产品</li>
            <li class="small-category-item">编程语言</li>
            <li class="small-category-item">移动开发</li>
            <li class="small-category-item">前端</li>
            <li class="small-category-item">游戏开发</li>
            <li class="small-category-item">软件测试</li>
            <li class="small-category-item">云计算大数据</li>
            <li class="small-category-item">网络运维</li>
            <li class="small-category-item">IT认证</li>
            <li class="small-category-item">嵌入式</li>
            <li class="small-category-item">网络营销</li>
        </ul>
    </li>
    <li class="category-item category-item-2">
        <h3>设计创作</h3>
        <ul class="small-category">
            <li class="small-category-item">平面设计</li>
            <li class="small-category-item">UI设计</li>
            <li class="small-category-item">设计软件</li>
            <li class="small-category-item">游戏动画设计</li>
            <li class="small-category-item">绘画创作</li>
            <li class="small-category-item">影视后期设计</li>
            <li class="small-category-item">环境艺术设计</li>
            <li class="small-category-item">工业产品设计</li>
            <li class="small-category-item">服装设计</li>
        </ul>
```

```
            </li>
            <!--此处省略雷同代码-->
        </ul>
    </div>
</body>
```

（2）再在 index.html 文件的\<head\>标签中添加\<style\>标签，然后在\<style\>标签中编写 CSS 代码，部分代码如下。

```css
<style>
    ul {
        list-style: none outside none;          /*设置列表样式*/
    }
    .category{                                  /*设置页面总体样式*/
        width: 1000px;                          /*设置宽度*/
        height: 600px;                          /*设置高度*/
        margin:  auto;                          /*设置外间距为默认值*/
        padding: 0 60px;                        /*设置内间距*/
        background: url(1.jpg) no-repeat;       /*设置背景图片以及背景图片的平铺方式*/
        border-radius: 10px;                    /*设置圆角边框*/
    }
    .title {                                    /*设置标题样式*/
        font-size: 32px;                        /*设置字号*/
        padding-top: 80px;                      /*设置上内间距*/
        height: 50px;
        line-height: 32px;                      /*设置行高*/
        color: #23b8ff;                         /*设置文字颜色*/
        text-align: left;                       /*设置文字对齐方式*/
    }
    .category-subtitle {
        display: inline-block;                  /*设置显示方式*/
        vertical-align: middle;                 /*设置垂直对齐方式*/
        font-size: 16px;
        color: #999;
    }
    .category-list {
        margin-left: -15px;
    }
    .category-item {                            /*设置列表样式*/
        width: 420px;                           /*设置宽度*/
        float: left;                            /*设置浮动方式*/
        text-align: left;                       /*设置文字对齐方式*/
        margin-left: 15px;                      /*设置左外间距*/
        color: #0e5fca;                         /*设置颜色*/
    }
    .small-category {
        margin-top: 10px;                       /*设置上外间距*/
    }
    .small-category-item {                      /*设置具体课程样式*/
        float: left;                            /*设置浮动方式*/
        padding: 7px 10px;
        border: 1px solid;                      /*设置边框样式*/
```

```
        border-radius: 80px;
        cursor: pointer;                        /*设置鼠标指针在文字上时，鼠标指针样式*/
        margin: 10px 6px 0 0;
        line-height: 14px;                      /*设置行高*/
    }
    .category-item-2 {                          /*设置"设计创作"部分的样式*/
        color: #820e2d;                         /*设置文字颜色*/

    }
/*此处省略其余两部分无序列表样式的代码*/
</style>
```

（3）代码编写完成后，在谷歌浏览器中运行本实例，具体运行效果如图 3-10 所示。

3.3.4 动手试一试

本案例主要讲解超链接以及文本的相关 CSS 属性。学完本案例，读者可以制作一个简单的电子商城活动页面，具体运行效果如图 3-13 所示（案例位置：光盘\MR\第 3 章\动手试一试\3-3）。

图 3-13　电子商城活动页面

3.4 【案例 4】打造多彩网站主题背景

3.4.1 案例描述

本案例实现了一个课程主题背景页面。观察图 3-14 所示的网易云课堂官网的主题背景页面，我们可以发现页面的背景图片为整个页面增添了更震撼的效果。在 HTML5 中，这样的效果可以通过 CSS 背景属性 background 来实现。下面将对本案例进行详细讲解。

图 3-14　课程主题背景页面

3.4.2 技术准备

背景相关的 CSS 属性

背景属性是给网页添加背景色或者背景图时所用的 CSS 样式，它的能力远远超过 HTML。通常，我们给网页添加背景主要运用到以下几个属性。

（1）添加背景颜色属性 background-color，语法如下。

```
background-color: color|transparent
```

❑ color：设置背景的颜色。它可以采用英文单词、十六进制、RGB、HSL、HSLA 和 RGBA 等。

❑ transparent：表示背景颜色透明。

（2）添加 HTML 中标签的背景图片属性 background-image。这与 HTML 中插入图片不同，背景图片放在网页的最底层，文字和图片等都位于其上，语法如下。

```
background-image:url()
```

代码中 url 为图片的地址，可以是相对地址也可以是绝对地址。

（3）设置图像的平铺方式属性 background-repeat，语法如下。

```
background-repeat: inherit|no-repeat|repeat|repeat-x|repeat-y
```

在 CSS 样式中，background-repeat 属性包含以下 5 个属性值，表 3-2 列举了各属性值的含义。

表 3-2　background-repeat 属性的属性值及含义

属性值	含义
inherit	从父标签继承 background-repeat 属性的设置
no-repeat	背景图片只显示一次，不重复
repeat	在水平和垂直方向上重复显示背景图片
repeat-x	只沿 x 轴方向重复显示背景图片
repeat-y	只沿 y 轴方向重复显示背景图片

（4）设置背景图片是否随页面中的内容滚动属性 background-attachment，语法如下。

```
background-attachment:scroll|fixed
```

❑ scroll：当页面滚动时，背景图片跟着页面一起滚动。

❑ fixed：将背景图片固定在页面的可见区域。

（5）设定背景图片在页面中的位置属性 background-position，语法如下。

```
background-position: length|percentage|top|center|bottom|left|right
```

在 CSS 样式中，background-position 属性包含以下 7 个属性值，表 3-3 列举了各属性值的含义。

表 3-3　background-position 属性的属性值及含义

属性值	含义
length	设置背景图片与页面边距水平和垂直方向的距离，单位为 cm、mm、px 等
percentage	根据页面标签框的宽度和高度的百分比放置背景图片
top	设置背景图片顶部居中显示
center	设置背景图片居中显示
bottom	设置背景图片底部居中显示
left	设置背景图片左部居中显示
right	设置背景图片右部居中显示

当需要为背景图片设置多个属性时，可以将属性写为 "background"，然后将个属性值写在一行，并且以空格间隔。例如，下面的 CSS 代码。

```css
.mr-cont{
    background-image: url(../img/bg.jpg);
    background-position: left top;
    background-repeat: no-repeat;
}
```

上面代码分别定义了背景图片，背景图片的位置和重复方式，但是代码比较多，为了简化代码也可以写成下面的形式。

```css
.mr-cont{
    background: url(../img/bg.jpg) left top no-repeat;
}
```

3.4.3 案例实现

【例 3-4】 打造多彩网站主题背景（案例位置：光盘\MR\第 3 章\源码\3-4）。

1. 页面结构简图

本案例通过<p>和<a>标签添加网页中的文字，并且通过 CSS 中的背景属性为网页以及<a>标签添加背景，具体页面结构如图 3-15 所示。

图 3-15　页面结构简图

2. 代码实现

（1）新建 index.html 文件，在该文件中创建<title>标签中的内容，然后在<body>标签中编写 HTML 代码，部分代码如下。

```html
<body>
<div class="mr_bg">
    <div>
        <p class="mr_des">跟随一线资深工程师、设计师，以及行业知名专家学习，<br>
            系统地掌握工作方法和技巧，获得全新的职业提升！</p>
        <a href="#"  class="mr_view">查看所有课程</a>
    </div>
```

```
    </div>
    </body>
```

（2）在<head>标签中添加<style>标签，然后在<style>标签中添加 CSS 代码，具体 CSS 代码如下。

```
<style>
    .mr_bg {                                        /*设置页面总体样式*/
        width: 100%;                                /*设置宽度*/
        height: 383px;                              /*设置高度*/
        background: url(bg2.jpg) center top no-repeat;/*设置背景样式*/
        padding-top: 117px;                         /*设置上内间距*/
    }
    .mr_des{
        width: 850px;                               /*设置宽度*/
        margin: 30px auto;                          /*设置外间距*/
        font-size: 20px;                            /*设置字号*/
        line-height: 32px;                          /*设置行高*/
        color: #fff;                                /*设置文字颜色*/
        text-align: center;                         /*设置文本的对齐方式*/
    }
    .mr_view {
        width: 220px;
        height: 44px;                               /*设置高度*/
        display: block;                             /*设置显示方式*/
        color: #fff;
        font-size: 20px;
        line-height: 44px;                          /*设置行高*/
        text-indent: 26px;                          /*设置文字缩进*/
        border-radius: 2px;                         /*设置圆角边框*/
        margin: 20px auto;                          /*设置外间距*/
        background:#278dc7 url(3.png) 185px -91px no-repeat;  /*设置背景*/
    }
</style>
```

（3）代码编写完成后，在谷歌浏览器中运行本实例，具体运行效果如图 3-14 所示。

3.4.4　动手试一试

学完本案例，读者应该掌握如何设置网页背景的 CSS 属性等知识。学完本节知识，读者可以实现手机宣传页面，具体实现效果如图 3-16 所示（案例位置：光盘\MR\第 3 章\动手试一试\3-4）。

图 3-16　手机宣传页面

小　结

　　本章主要讲解了 CSS 基础知识，首先通过案例 1 介绍了 CSS 的发展史，CSS3 中的 ID 选择器和类选择器等相关内容，然后通过 3 个案例分别介绍了列表、链接以及背景相关 CSS 属性，这些属性是设置页面背景时常用的属性。学完本章，读者可以对简单的网页进行布局和美化。

习　题

3-1　什么是 CSS，它的作用是什么？

3-2　ID 选择器和类选择器的区别是什么？

3-3　HTML 中列表的分类有哪些，CSS 中的列表属性有哪些？

3-4　链接标签相关的 CSS 属性有哪些？使用时应该注意什么？

3-5　使用 CSS 设置背景图片时，设置背景图片的平铺方式是什么属性，其属性值有哪些？

第4章

HTML5多媒体实现网站
"家庭影院"

在 HTML5 出现之前，要在网络上展示视频、音频、动画，除了使用第三方自主开发的播放器之外，使用最多的工具应该是 Flash，但必须在浏览器中安装 Flash 插件。HTML5 的出现解决了这个问题。HTML5 提供了音频视频的标准接口，通过 HTML5 的相关技术，播放视频、动画、音频等多媒体再也不需要安装插件了，只需要一个支持 HTML5 的浏览器。本章我们主要学习 HTML5 多媒体的相关知识。

本章要点

■ 掌握在网页中添加音频或视频播放器的方法
■ 掌握在HTML网页中引入JavaScript文件路径的方法
■ 了解audio的常见事件及其运用
■ 熟练运用CSS中的类选择器和ID选择器

4.1 【案例1】网页中的 H5 视频播放器

【案例1】网页中的
H5 视频播放器

4.1.1 案例描述

本案例实现的是一个播放视频页面，效果如图 4-1 所示，这是明日学院官网的课程视频页面。我们可以发现，网页中播放视频时，视频内容的下方有播放/暂停、时间进度条和音量控制按钮等功能。可以说，HTML5 中的视频播放标签已经完全取代了 Flash 视频组件。国内主流的视频网站如优酷、土豆、爱奇艺等，都在使用 HTML5 技术进行视频的播放。接下来，开始讲解 HTML5 视频播放组件的核心标签——<video>标签。

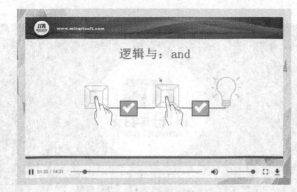

图 4-1　播放视频页面

4.1.2 技术准备

<video>标签

HTML5 使用<video>标签播放视频，比如电影片段或其他视频等。目前<video>标签支持三种视频格式：MP4、WebM 和 Ogg。在国内主要使用的是 MP4 格式。

（1）语法格式如下。

```
<video src="your.mp4"></video>
```

（2）语法解释。

src 属性表示引入视频的 URL 地址。

除了 src 必选属性外，<video>标签还有几个可选属性，具体如表 4-1 所示。

表 4-1　<video>标签的可选属性

属性	描述
autoplay	如果出现此属性，则视频就绪后马上播放
height	设置视频播放器的高度
loop	表示多媒体文件完成播放后会再次开始播放
width	设置视频播放器的宽度
controls	表示将显示视频控件，如播放按钮等

（3）举例：在网页中添加视频，具体代码如下（案例位置：资源包\MR\第 4 章\示例\4-1）。

```
<!DOCTYPE html>
<html lang="en">
<head>
    <meta charset="UTF-8">
    <title>播放视频</title>
</head>
<body>
  <video src="test.mp4" controls="controls">
  </video>
</body>
</html>
```

页面效果如图 4-2 所示。

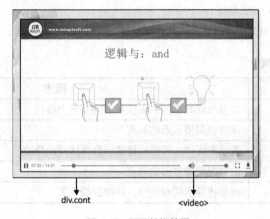

图 4-2　<video>标签的示例页面

4.1.3　案例实现

【例 4-1】　网页中的视频播放器（案例位置：资源包\MR\第 4 章\源码\4-1）。

1. 页面结构简图

本页面对应代码中含有<div>和<video>两个标签，<div>标签用于设置背景图片以及视频的位置，<video>标签用于在网页中添加视频，具体如图 4-3 所示。

逻辑与：and

div.cont　　　　　　<video>

图 4-3　页面结构简图

2. 代码实现

（1）新建 index.html 文件。在该文件的<body>标签中添加<div>标签和<video>标签，具体代码如下。

```
<body>
    <div style="" class="cont">
        <video src="MP4.mp4" controls="controls" width="700" height="500" autoplay loop >
</video>
    </div>
</body>
```

（2）在 index.html 文件的<head>标签中添加<style>标签，然后在<style>标签中设置大小、背景等样式，具体代码如下。

```
<style type="text/css">
    .cont{
        width: 700px;
        height: 500px;
        padding: 50px 100px;
        margin: 20px auto;
        text-align: center;
        background-image: url("bg1.jpg");
        background-size: 100% 100%;
    }
</style>
```

（3）代码编写完成后，在谷歌浏览器中运行本实例，具体运行效果如图 4-1 所示。

本案例中的图片 bg1.jpg 读者可自行替换，操作方法可参考第 2 章图片部分的内容。

4.1.4 动手试一试

学完本案例，读者应掌握 HTML5 中<video>标签的使用方法。下面请尝试使用<video>标签在网页中添加一段视频，具体运行效果如图 4-4 所示（案例位置：资源包\MR\第 4 章\动手试一试\4-1）。

图 4-4　在网页中添加一段视频

4.2 【案例 2】动态文字弹幕

4.2.1 案例描述

本案例实现给页面添加文字弹幕的效果，那么，什么是文字弹幕呢？相信小伙伴们
可能有这样的经历，在看视频时，被突然弹出的文字吓一跳。这些动态文字就是文字弹幕，如图 4-5 所示。文字弹幕是近来新出现的多媒体特效，但对于 HTML5 技术来说早已不是什么新鲜事物。下面就来具体讲解 HTML5 中的<marquee>标签。

图 4-5　视频中的文字弹幕

4.2.2 技术准备

<marquee>标签

<marquee>标签可以将文字设置为动态滚动的效果。在<marquee>标签中添加文字，这些文字便具有神奇的滚动效果，而且还可以设置这些文字的颜色、滚动方向等。

（1）语法格式如下。

```
<marquee direction="滚动方向" behavior="滚动方式" scrollamount="滚动速度">
   滚动文字
</marquee>
```

（2）语法解释。

❑ direction：表示文字滚动方向。滚动方向可以包含 4 个值，分别是 up、down、left 和 right，他们分别表示文字向上、向下、向左和向右滚动，默认值为 left。

❑ crollamount：表示文字滚动速度。

❑ behavior：表示文字滚动方式，如往复运动等，滚动方式的取值有如下三种。

    ● scroll：表示循环滚动，默认效果。

    ● slide：只滚动一次即停止。

    ● alternate：来回交替进行滚动。

（3）举例：在网页中添加滚动的文字，代码如下（案例位置：资源包\MR\第 4 章\示例\4-2）。

```
<!DOCTYPE html>
<html lang="en">
<head>
```

```
    <meta charset="UTF-8">
    <title>文字弹幕</title>
    </head>
<body>
<marquee>
    少壮不努力，老大徒伤悲
</marquee>
</body>
</html>
```

页面效果如图 4-6 所示。

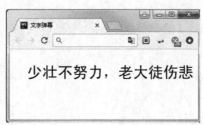

图 4-6 <marquee>标签的示例页面

4.2.3 案例实现

【例 4-2】动态文字弹幕（案例位置：资源包\MR\第 4 章\源码\4-2）。

1. 页面结构简图

本案例中讲解<video>标签和<marquee>标签，其中<video>标签用于在网页中添加视频，<marquee>标签用于在网页中添加文字弹幕，具体页面结构如图 4-7 所示。

图 4-7 页面结构简图

2. 代码实现

（1）新建 index.html 文件，在该文件的<body>标签中添加<video>标签与<marquee>标签，具体代码如下。

```
<body>
<div class="cont">
    <video src="MP4.mp4" width="700" height="500" autoplay loop controls></video>
    <marquee class="fast" direction="right" behavior="scroll" scrollamount="20">
```

```
            加油，我要成Python大神
    </marquee>
    <marquee class="left" direction="left" behavior="alternate" scrollamount="10">
        视频通俗易懂
    </marquee>
</div>
```

（2）在 index.html 文件的\<head\>标签中添加\<style\>标签，在\<style\>标签中添加 CSS 代码设置视频窗口的大小以及文字弹幕样式，代码如下。

```
<style type="text/css">
    .cont {
        width: 700px;
        height: 500px;
        margin: 60px auto;
        font-size: 32px;
        position: relative;
    }
    video {
        position: absolute;
    }
    .fast {
        padding-top: 60px;
        color: #fff;
        font: normal 26px/20px "";
    }
    .left {
        color: #51bcff;
        font: normal 26px/20px "";
    }
</style>
```

（3）代码编写完成后，在浏览器中运行本案例，具体运行效果如图 4-5 所示。

4.2.4 动手试一试

本案例讲解了\<marquee\>标签，使用\<marquee\>标签虽然简单，但是在实际开发中并不常用，所以读者只需了解、会使用该标签即可。学完本案例，读者可以尝试实现《王者荣耀》游戏中小喇叭功能，具体实现效果如图 4-8 所示（案例位置：资源包\MR\第 4 章\动手试一试\4-2）。

图 4-8　王者荣耀小喇叭

4.3 【案例 3】神奇的在线听书功能

【案例 3】神奇的
在线听书功能

4.3.1 案例描述

电影《神奇动物在哪里》中，动物们被魔法师驯得服服帖帖，在网页的世界中，身
为网页设计师的你就是一位"魔法师"。本案例可以让一本书（实际是图书图片）"讲话"或者在网页中播放音
频，效果如图 4-9 所示。具体怎么做到的呢？下面就开始详细讲解。

图 4-9　在线听书页面

4.3.2 技术准备

\<audio\>标签

HTML5 使用\<audio\>标签来实现播放声音文件或音频。\<audio\>标签支持的音频格式的扩展名
为.mp3、.wav 且支持 Ogg Vorbis 格式的音频。国内经常使用的是.mp3 格式。

（1）语法格式如下。

```
<audio  src="song.mp3"  controls="controls"></audio>
```

（2）上述语法仅列举了部分属性，该标签的所有常用属性及其解释如表 4-2 所示。

表 4-2　\<audio\>标签的常用属性

属性	描述
src	要播放的音频 URL
controls	用户显示控件，比如播放按钮等
autoplay	音频就绪后马上播放
loop	声音文件完成播放后会再次开始播放
preload	音频在页面加载时进行加载，并预备播放

（3）举例：在网页中添加一段音频，其代码如下（案例位置：资源包\MR\第 4 章\示例\4-3）。

```
<!DOCTYPE html>
<html>
<body>
<audio src="song.mp3" controls="controls"></audio>
</body>
</html>
```

页面效果如图 4-10 所示。

图 4-10 　<audio>标签的示例页面

4.3.3 案例实现

【例4-3】神奇的在线听书功能（案例位置：资源包\MR\第4章\源码\4-3）。

1. 页面结构简图

需要在该页面相应的代码中添加两个<div>标签，分别用于添加背景图片和设置音频控件的位置，然后通过<audio>标签添加音频，具体页面结构如图4-11所示。

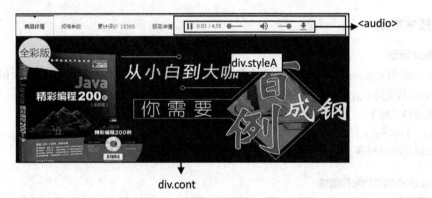

图 4-11 　页面结构简图

2. 代码实现

（1）新建 index.html 文件，然后在该文件的<body>标签中添加 HTML 代码，在<head>标签中添加<style>标签，并在<style>标签中添加 CSS 代码，具体代码如下。

```html
<!DOCTYPE html>
<html lang="en">
<head>
    <meta charset="UTF-8">
    <title>在线听书</title>
    <style>
        .cont{
            width: 790px;
            height: 340px;
            background: url(bg.jpg) no-repeat;
            margin: 20px auto;
        }
```

```
        .styleA{
            margin-left:480px;
            padding-top: 15px;
        }
    </style>
</head>
<body>
<div class="cont">
    <div class="styleA">
        <audio src="bg.mp3" controls="controls" loop autoplay></audio>
    </div>
</div>
</body>
</html>
```

（2）代码编写完成后，在谷歌浏览器中运行本实例，运行效果如图 4-9 所示。

4.3.4 动手试一试

本案例讲解了<audio>标签的使用方法。读者需要重点掌握<audio>标签常用的 src 属性和 controls 属性。学完本案例，读者可以使用<audio>标签为网页添加背景音乐，具体运行效果如图 4-12 所示（案例位置：资源包\MR\第 4 章\动手试一试\4-3）。

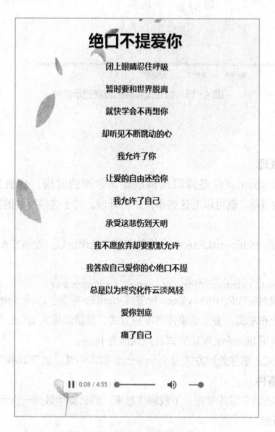

图 4-12　为网页添加背景音乐

4.4 【案例4】定制专属视频播放器

【案例4】定制专属
视频播放器

4.4.1 案例描述

本案例是本章中案例1的升级版，如果说案例1是2GB内存的笔记本电脑，还是二手的，那么本案例则是8GB固态硬盘的最新款笔记本电脑。二者功能相同，但是"出身"不同。这里的出身不同是指用不同的技术来实现对网页视频的控制。由于互联网的发展，人们已经不满足案例1中用HTML5标签控制视频，而是希望可以在此基础上，赋予视频更强的生命力。因此案例4的JavaScript视频播放器就此诞生，如图4-13所示。下面进行详细讲解。

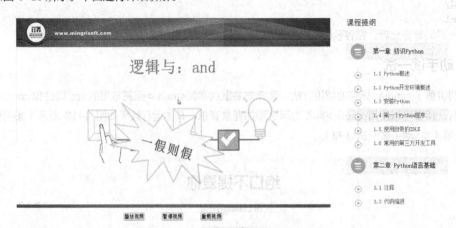

图4-13 自定义视频播放器显示控件

4.4.2 技术准备

1. 多媒体标签的事件处理

在利用<video>标签或<audio>标签读取或播放媒体数据的时候，会触发一系列的事件，如果用JavaScript脚本来捕捉这些事件，就可以对这些事件进行处理。对于这些事件的捕捉及处理，可以按两种方式来进行。

一种是监听的方式，即用addEventListener（事件名称，处理函数，处理方式）方法来对事件的发生进行监听，该方法的定义如下。

```
videoElement.addEventListener(type,listener,useCapture);
```

videoElement 表示页面对应代码中的<video>标签或<audio>标签。type 为事件名称；listener 表示绑定的函数；useCapture 是一个布尔值，表示该事件的响应方式，该值如果为 true，浏览器采用 Capture 响应方式，如果为 false，浏览器采用 bubbing 响应方式，默认值为 false。

另一种是直接赋值的方式。事件处理方式为 JavaScript 脚本中常见的获取事件句柄的方式。

2. 多媒体标签的常见事件

接下来，将介绍浏览器在请求媒体数据、下载媒体数据、播放媒体数据一直到播放结束这一系列过程中，会触发的事件，如表4-3所示。

表 4-3　<audio>标签的相关事件

事件	描述
loadstart	浏览器开始请求媒介
progress	浏览器正在获取媒介
suspend	浏览器非主动获取媒介数据，但没有加载完整媒介资源
abort	浏览器在完全加载前中止获取媒介数据，但是并不是由错误引起的
error	获取媒介数据出错
emptied	媒介标签的网络状态突然变为未初始化；引起的原因可能有两个：1. 载入媒体过程中突然发生一个致命错误；2. 在浏览器正在选择支持的播放格式时，又调用了 load 方法重新载入媒体
stalled	浏览器获取媒介数据异常
play	即将开始播放，当执行了 play 方法时触发，或数据下载后标签被设为 autoplay（自动播放）属性
pause	暂停播放，当执行了 pause 方法时触发
loadedmetadata	浏览器获取完媒介资源的时长和字节
loadeddata	浏览器已加载当前播放位置的媒介数据
waiting	播放由于下一帧无效（例如未加载）而已停止（但浏览器确认下一帧会马上有效）
playing	已经开始播放
canplay	浏览器能够开始播放，但估计以当前速率播放不能直接将媒介资源播放完（播放期间需要缓冲）
canplaythrough	浏览器估计以当前速率直接播放可以直接播放完整个媒介资源（期间不需要缓冲）
seeking	浏览器正在请求数据（seeking 属性值为 true）
seeked	浏览器停止请求数据（seeking 属性值为 false）
timeupdate	当前播放位置（currentTime 属性）改变，可能是播放过程中的自然改变，也可能是被人为地改变，或由于播放不能连续而发生的跳变
ended	播放由于媒介结束而停止
ratechange	默认播放速率（defaultPlaybackRate 属性）改变或播放速率（playbackRate 属性）改变
durationchange	媒介时长（duration 属性）改变
volumechange	音量（volume 属性）改变或静音（muted 属性）

4.4.3　案例实现

【例 4-4】自定义视频播放器的显示控件（案例位置：资源包\MR\第 4 章\源码\4-4）。

1. 页面结构简图

本实例中主要有<video>标签和<button>标签，其中<video>标签用于添加视频，<button>标签用于添加视频的控制按钮，页面结构简图如图 4-14 所示。

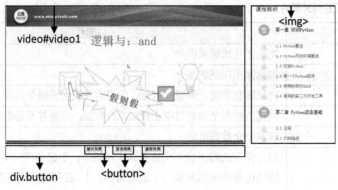

图 4-14　页面结构简图

2. 代码实现

（1）新建 index.html 文件，在<body>标签中编写代码，添加<video>等标签，具体代码如下。

```
<body onload="init()" >
<div class="mr-content">
<div style="float: left">
    <video id="video1"  src="MP4.mp4" class="mr-vedio" width="850" > </video>
    <div class="button">
        <button onclick="play()">播放视频</button>        <!--应用.play()方法-->
        <button onclick="pause()">暂停视频</button>        <!--应用.pause()方法-->
        <button onclick="load()">重载视频</button>         <!--应用.load()方法-->
    </div>
</div>
<img src="list.png">
</div>
</body>
```

（2）在 index.html 文件的<head>标签中添加<script>标签和<style>标签，其中<script>标签用于引入 JavaScript 文件，在<style>标签中编写 CSS 代码。具体代码如下。

```
<script type="text/javascript" src="mr.js"></script>
<style type="text/css">
    *{
        padding: 0;
        margin: 0;
    }
    .mr-content{
        width:1200px;
        height:510px;
        margin:30px auto;
        text-align:center;
    }
    .button button{
        margin: 10px 20px;
    }
    img{
        float: right;
    }
</style>
```

（3）新建 JavaScript 文件，具体创建方法：右击项目文件夹，选择 "New" → "JavaScript File" 命令，如图 4-15 所示。

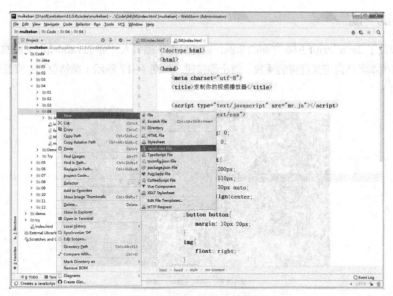

图 4-15　新建 JavaScript 文件

（4）为文件夹命名，如图 4-16 所示，在 "Name" 文本框中输入文件名，然后单击 "OK" 按钮，一个 JavaScript 文件建立完成。

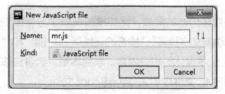

图 4-16　为 JavaScript 文件命名

（5）在该文件中编写 JavaScript 代码。具体 JavaScript 相关知识我们会在后面章节进行讲述，本实例中 JavaScript 代码如下。

```javascript
var video;
/*声明变量*/
function init() {
    video = document.getElementById("video1");
    video.addEventListener("ended", function() {alert("播放结束。");}, true);
}
function play(){
    video.play();/*播放视频*/
}
function pause(){
    video.pause();/*暂停视频*/
}
function load(){
    video.load();/*重载视频*/
}
```

（6）代码编写完成后，返回 index.html 文件，然后在代码区单击谷歌浏览器运行本实例，运行效果如图 4-13 所示。

4.4.4　动手试一试

案例 4 中涉及了 JavaScript 脚本方面的知识，读者只需掌握引入外部 JavaScript 文件的方法。学完本案例，读者可以仿照本案例自定义视频的播放、缩小等按钮，如图 4-17 所示（案例位置：资源包\MR\第 4 章\动手试一试\4-4）。

图 4-17　自定义视频播放器的播放等按钮

小　结

在线学习网站少不了多媒体内容的播放，比如播放视频学习课程和音频课程等。本章通过"网页中的 H5 视频播放器""动态文字弹幕""神奇的在线听书功能"和"定制专属视频播放器"四个案例，给大家讲解了 HTML5 多媒体的知识内容。学完本章，读者应该掌握如何在网页中添加音频和视频，并且懂得如何在 HTML 文件中引入 JavaScript 文件。

习　题

4-1　在网页中添加视频应该使用什么标签？

4-2　<marquee> 标签的属性值有哪些？

4-3　在网页中添加音频使用什么标签，该标签有哪些属性值？

4-4　如何在网页中为视频添加暂停视频、重载视频等按钮？

4-5　如何实现播放音频时调用其他函数？

第5章

通过HTML5表单与用户交互

在线教育网站中经常会遇到用户登录、注册或提交订单等情况，这时就需要使用 HTML5 中的表单。表单的用途很多，在制作网页，特别是制作动态网页时常常会用到。表单主要用来收集客户端提供的相关信息，使网页具有交互的功能，它是用户与网站实现交互的重要手段。在网页的制作过程中，常常需要使用表单，本章将重点介绍表单中各标签的使用。

本章要点

- 理解表单概念
- 能够灵活运用表单中各控件
- 熟记<input>标签的type属性值及含义
- 能独立设计简单的表单页面
- 了解<label>标签在表单中的适用范围

5.1 【案例1】表单实现用户注册页面

5.1.1 案例描述

如今的网站都会有用户注册的页面和功能，本案例中将实现用户注册页面，如图5-1所示。我们观察本案例效果图可以发现，页面包含昵称、密码、性别和生日等内容，虽然这些内容和操作我们都非常熟悉，但是这些内容具体是如何通过HTML5代码实现的呢？下面开始详细讲解HTML5表单方面的内容。

图5-1　用户注册页面

5.1.2 技术准备

<form>表单标签

表单是网页上的一个特定区域。这个区域通过<form>标签声明，相当于一个表单容器，表示其他的表单标签需要在其范围内才有效，也就是说，在<form></form>之间的一切都属于表单的内容。这里的内容包含所有的表单控件，任何必需的伴随数据，如控件的标签、处理数据的脚本或程序的位置等。

在表单的<form>标签中，还可以设置表单的基本属性，包括表单的名称、处理程序、传送方式等。

（1）语法格式如下。

```
<form action="" name="" method="" enctype="" target="">
    ……
</form>
```

（2）语法解释：在上述语法中，属性和含义如表5-1所示。

表5-1　<form>表单标签中的属性和含义

属性	含义	说明
action	表单的处理程序，也就是表单中收集到的资料将要提交的程序地址	这一地址可以是绝对地址，也可以是相对地址，还可以是一些其他的地址，例如E-mail地址等
name	为了防止表单信息在提交到后台处理程序时出现混乱而设置的名称	表单的名称尽量与表单的功能相符，并且名称中不含有空格和特殊符号

续表

属性	含义	说明
method	定义处理程序从表单中获得信息的方法，有 get（默认值）和 post 两个值	get 方法指表单数据会被视为 CGI 或 ASP 的参数发送 post 方法指表单数据是与 URL 分开发送的，客户端的计算机会通知服务器来读取数据
enctype	表单信息提交的编码方式。其属性值有：text/plain、application/x-www-form-urlencoded 和 multipart/form-data 三个	text/plain 指以纯文本的形式传送 application/x-www-form-urlencoded 指默认的编码形式 multipart/form-data 指 MIME 编码，上传文件的表单必须选择该项
target	目标窗口的打开方式	其属性值和含义与链接标签中 target 相同

（3）举例：实现 QQ 登录表单，具体代码如下（案例位置：资源包\MR\第 5 章\示例\5-1）。

```
<!doctype html>
<html>
<head>
    <meta charset="utf-8">
    <title>form表单</title>
    <style type="text/css">
        .mr-cont {
            width: 500px;
            margin: 50px auto;
        }
        .top {
            height: 170px;
            background: #2ab0f7;
        }
        .top img {
            margin: 50px 160px;
        }
        .top ~ div {
            height: 140px;
            background: rgb(235, 242, 249)
        }
        .bom {
            padding: 40px 40px;
        }
        .bom img, .bom form {
            float: left;
        }
        .bom form {
            margin: -10px 50px;
        }
        form p, .btn {
            margin-top: 20px;
        }
```

```
        .btn {
            width: 220px;
            height: 35px;
            letter-spacing: 3px;
            background: rgb(42, 176, 247);
            border-radius: 5px;
            border-color: transparent;
            font-size: 16px;
            color: #fff;
        }
    </style>
</head>
<body>
<div class="mr-cont">
    <div class="top"><img src="img/QQsmall1.png"></div>
    <div class="bom"><img src="img/head.png">
        <form action="#" method="get" target="blank">
            <p>账号：<input type="text"></p>
            <p>密码：<input type="password"></p>
            <input class="btn" type="button" value="安全登录">
        </form>
    </div>
</div>
</body>
</html>
```

页面效果如图 5-2 所示。

图 5-2　表单的使用实例

5.1.3　案例实现

【例 5-1】　表单实现用户注册页面（案例位置：资源包\MR\第 5 章\源码\5-1）。

1. 页面结构简图

本页面中含有<div>标签以及<form>标签，并且在<form>标签中添加了文本框、文本域、下拉列表等多个表单元素，具体页面结构如图 5-3 所示。

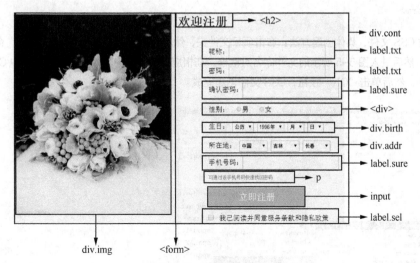

图 5-3　页面结构简图

2. 代码实现

（1）新建 index.html 文件，然后在该文件的<title>标签中修改网页的标题为"表单实现用户注册"，最后在<body>标签中添加 HTML 代码实现添加文字和图片，具体代码如下。

```
<div class="cont">
<div class="img">
    <img src="img.png">
</div>
    <form>
        <h1>欢迎注册</h1>
        <label class="txt">昵称：<input type="text"> </label><!--单行文本框-->
        <label class="txt">密码：<input type="password"> </label><!--密码框-->
        <label class="sure">确认密码：<input type="password"> </label>
        <!--单选按钮-->
        <div>性别：<label><input type="radio" name="sex">男</label>
                <label><input type="radio" name="sex">女</label></div>
        <div class="birth">生日：
            <!--下拉菜单-->
            <select><option>公历</option></select>
            <select><option>1996年</option></select>
            <select><option>月</option></select>
            <select><option>日</option></select>
        </div>
        <div class="addr">所在地：
            <select><option>中国</option></select>
            <select><option>吉林</option></select>
            <select><option>长春</option></select>
        </div>
        <label class="sure">手机号码：<input type="text"> </label>
        <p>可通过该手机号码快速找回密码</p>
        <input type="button" value="立即注册">
        <!--多选按钮-->
        <label class="sel"><input type="checkbox">我已阅读并同意服务条款和隐私政策</label>
```

```
        </form>
    </div>
```

（2）新建 CSS 文件，具体创建方法：右击项目文件夹，然后选择 "New" → "Stylesheet" 命令，具体如图 5-4 所示。然后进入图 5-5 所示的文件命名对话框，在相应的文本框中输入名称，本实例中 CSS 文件的名称为 style.css，然后单击 "OK" 按钮，CSS 文件创建完成。

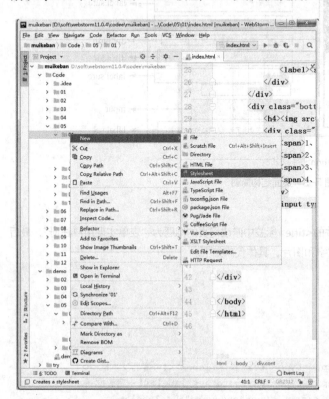

图 5-4　新建 CSS 文件

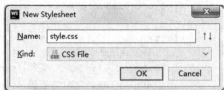

图 5-5　为 CSS 文件命名

（3）在 CSS 文件中编写 CSS 代码，具体代码如下。

```
.img{
    float: left;                  /*设置图片盒子的浮动方式*/
}
form{
    width: 450px;                 /*设置表单宽度*/
    float: left;                  /*设置表单浮动方式*/
}
form>:first-child~*{
    margin-left: 100px;           /*设置标题的左间距*/
}
.img img{
    height:517px;                 /*设置图片高度*/
}
.txt,.sure,.sel{                  /*设置单行文本框、单选框以及复选按钮的样式*/
    margin-top: 10px;             /*设置向上的外间距*/
    display: block;               /*设置显示方式*/
    font-size: 18px;              /*设置字体大小*/
```

```
}
.txt input,.sure input{                     /*设置单行文本框的样式*/
    width: 250px;                           /*设置宽度*/
    height: 35px;
}
.sure{                                      /*设置注册按钮的样式*/
    margin-left: -35px;                     /*设置向左的外间距*/
}
.cont>form>div{                             /*设置单选按钮以及下拉菜单的样式*/
    font-size: 18px;                        /*设置字号*/
    margin-top: 20px;                       /*设置向上的外间距*/
}
.cont>form>div>label{
    margin-left: 20px;
}
.birth select{                             /*设置生日部分的下拉菜单的样式*/
    padding: 5px 5px 5px 0;                /*设置内间距*/
}
.addr{                                      /*设置所在地的样式*/
    margin-left: -18px;                     /*设置向左外间距*/
}
.addr select{                               /*设置所在地的下拉菜单的样式*/
    padding: 5px 23px 5px 0;                /*设置内间距*/
}
p{                                          /*设置提示文字的样式*/
    color: #909090;                         /*设置字体颜色*/
    font-size: 12px;                        /*设置字号*/
    margin: 10px 0 0 50px;                  /*设置外间距*/
}
[type="button"]{                            /*设置按钮的样式*/
    background: #00ff00;                    /*设置背景颜色*/
    color: #fff;                            /*设置文字颜色*/
    border: none;                           /*设置边框*/
    margin: 20px 50px;                      /*设置外间距*/
    font-size: 24px;                        /*设置字号*/
    padding: 10px 78px;                     /*设置内间距*/
}
.sel input{                                 /*设置复选按钮的样式*/
    width: 15px;                            /*设置宽度*/
    height: 15px;                           /*设置高度*/
    margin: auto 10px auto 0;               /*设置外间距*/
}
```

（4）编写完 CSS 代码以后，需要在 index.html 文件中通过<link>标签引入该 CSS 文件，并在引入 CSS 文件时，在 index.html 文件的<head>标签添加以下代码即可。具体代码如下所示。

```
<link href="style.css" type="text/css" rel="stylesheet">
```

其中 href 为 CSS 文件的路径，type 为所引入的文件的 MIME 类型，rel 为所引入文档与该 index.html 文件的关系。

（5）代码编写完成后，单击 index.html 文件代码区右上角的谷歌浏览器的图标可以在谷歌浏览器中运行本案例，具体运行效果如图 5-1 所示。

5.1.4 动手试一试

学完本案例，读者应掌握 HTML5 中<form>表单标签的使用方法。学完本节，读者可以使用<form>标签和<input>标签等制作一个简洁的登录页面，具体运行效果如图 5-6 所示（案例位置：资源包\MR\第 5 章\动手试一试\5-1）。

图 5-6　简洁的登录页面

5.2　【案例 2】申请个人讲师

【案例 2】申请个人讲师

5.2.1 案例描述

本案例实现的是申请个人讲师页面，在该页面中需要输入用户的工作单位，而其他问题用户仅需选择与自己相符的选项即可，如图 5-7 所示。那么，这又是通过什么代码来实现的呢？接下来，详细讲解表单中的单行文本框、单选框和复选框。

图 5-7　申请个人讲师的页面效果

5.2.2 技术准备

1. <input>标签

<input>标签是<form>标签中的文本框标签。<input>标签中的 type 属性不同，其对应的表现形式和应用也各有差异。最常用的是单行文本框，其 type 属性值为 text，表示可以输入任何类型的文本，如数字或字母等信息，输入的内容以单行显示。

（1）语法格式如下。

```
<input type="text" name=" " size=" " maxlength=" " value=" ">
```

（2）语法解释。

❑ name：文本框的名称，用于和页面中其他控件进行区别，命名时不能包含特殊字符，也不能以 HTML 作为名称。

❑ size：定义文本框在页面中显示的长度，以字符作为单位。

❑ maxlength：定义在文本框中最多可以输入的文字数。

❑ value：定义文本框中的默认值。

（3）举例：设计登录页面，部分代码如下（案例位置：资源包\MR\第 5 章\示例\5-2）。

```
<div class="mr-cont">
    <form>
        <!--使用label标签绑定单行文本框，实现单击图片时文本框也能获取焦点-->
        <label><img src="img/user.png"><input type="text"></label>
        <!--密码输入框-->
        <label><img src="img/pass.png"><input type="password"></label>
    </form>
</div>
```

页面效果如图 5-8 所示。

图 5-8 <input>标签的示例页面

 在上面的实例中使用了<label>标签，<label>标签可以实现绑定元素功能。简单地说，正常情况要使某个<input>标签获取焦点只有单击该标签才可以实现，而使用<label>标签以后，单击与该标签绑定的文字或图片就可以获取焦点。

2. 单选框和复选框

单选框和复选框经常被用于问卷调查和购物车结算商品等场景。其中单选框只能实现在一组选项中选择其中一个，而复选框则与之相反，可以实现多选甚至全选。

（1）单选框。

在网页中，单选框用来让浏览者在答案之间进行单一选择，在页面中以圆框表示，其语法格式如下。

```
<input type="radio" value="单选框的取值" name="单选框名称" checked="checked"/>
```

该语法中各属性解释如下。

- ❑ value：设置用户选中该项目后，传送到处理程序中的值。
- ❑ name：单选框的名称，需要注意的是，一组单选框中，往往其名称相同，这样在传递时才能更好地对某一个选择内容的取值进行判断。
- ❑ checked：表示这一单选框默认被选中，在一组单选框中只能有一项单选框被设置为checked。

（2）复选框。

浏览者填写表单时，有一些内容可以通过让浏览者进行多项选择的形式来实现。例如收集个人信息时，在个人爱好的选项中进行选择等。复选框能够进行项目的多项选择，以一个方框表示，其语法格式如下。

```
<input type="checkbox" value="复选框的值" name="复选框名称" checked="checked" />
```

在该语法中，各属性的含义与属性值与单选框相同，此处不做过多叙述。但与单选框不同的是，一组多选框中，可以设置多个复选框被默认选中。

（3）举例：实现手机筛选页面，部分代码如下（案例位置：资源包\MR\第5章\示例\5-3）。

```
<form class="cont">
  <ul class="bom">
   <li>品牌：</li>
   <li><input type="checkbox">OPPO</li>
   <li><input type="checkbox">三星</li>
   <li><input type="checkbox">华为</li>
     <!--省略其余雷同复选框-->
  </ul>
  <ul class="bom">
   <li>网络类型：</li>
   <li><input type="radio" name="network">移动</li>
   <li><input type="radio" name="network">联通</li>
     <!--省略其余雷同单选框代码-->
  </ul>
   <!--省略其余雷同代码-->
</form>
```

效果如图5-9所示。

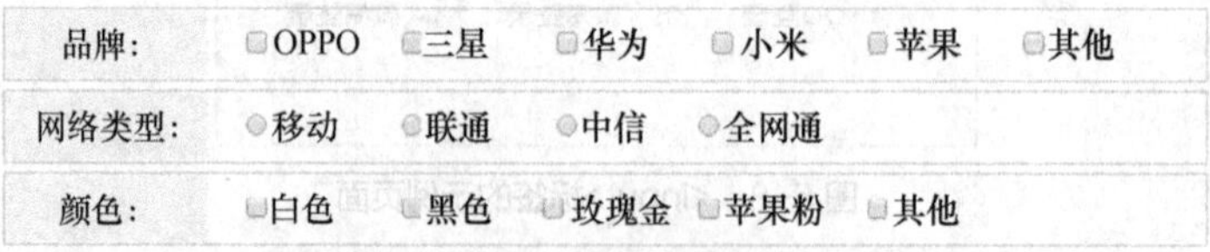

图 5-9 单选框和复选框的示例效果

5.2.3 案例实现

【例 5-2】实现申请个人讲师页面（案例位置：资源包\MR\第5章\源码\5-2）。

1. 页面结构简图

本实例主要使用文本框、单选框和复选框以及<label>标签,<label>标签总是嵌套单/复选框以及与之对应的文字,目的在于单击文字就可以选中单/复选框,这样可以为用户提供便利。具体页面结构如图 5-10 所示。

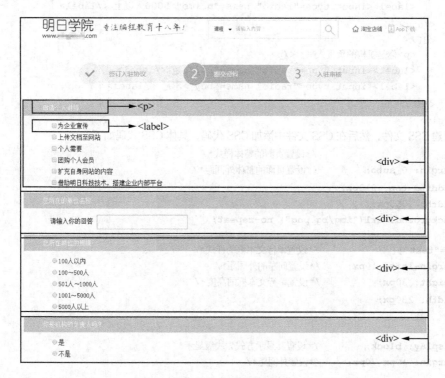

图 5-10　页面结构简图

2. 代码实现

(1)新建 index.html 文件,在<head>标签中引入 CSS 文件,然后在<body>标签中添加 HTML 代码,具体代码如下。

```
<div class="cont">
    <div>
        <p>申请个人讲师</p>
        <!-- 添加多选按钮-->
        <label><input type="checkbox">为企业宣传 </label>
        <label><input type="checkbox">上传文档至网站 </label>
        <label><input type="checkbox">个人需要 </label>
        <label><input type="checkbox">团购个人会员 </label>
        <label><input type="checkbox">扩充自身网站的内容 </label>
        <label><input type="checkbox">借助明日科技技术，搭建企业内部平台 </label>
    </div>
    <div>
        <p>您所在的单位名称</p>
        <label>请输入你的回答<input type="text"> </label>        <!--单行文本框-->
    </div>
    <div>
        <p>您所在单位的规模</p>
        <!--单选按钮-->
```

```
            <label><input type="radio" name="guimo">100人以内 </label>
            <label><input type="radio" name="guimo">100～500人 </label>
            <label><input type="radio" name="guimo">501～1000人</label>
            <label><input type="radio" name="guimo">1001～5000人 </label>
            <label><input type="radio" name="guimo">5000人以上 </label>
        </div>
        <div>
            <p>你是机构的负责人吗? </p>
            <label><input type="radio" name="buy">是 </label>
            <label><input type="radio" name="buy">不是 </label>
        </div>
    </div>
</div>
```

（2）新建 CSS 文件，然后在 CSS 文件中添加 CSS 代码，具体 CSS 代码如下。

```
.cont{                           /*设置页面的整体样式*/
    margin: 0 auto;              /*设置页面的整体外间距*/
    padding-top: 210px;
    width: 1050px;
    background: url("img/bg.png") no-repeat;
}
[type="text"]{                   /*设置单行文本框的样式*/
    margin-left: 10px;           /*设置向左的外间距*/
    height: 30px;                /*设置单行文本框的高度*/
    width: 230px;
}
label{
    display: block;              /*设置其显示方式为块级显示*/
    margin: 10px 70px;           /*设置外间距*/
}
.cont>div>:first-child{          /*设置其他问题的样式*/
    color: white;
    height: 40px;                /*设置高度*/
    line-height: 40px;           /*设置文字行高*/
    padding-left: 50px;          /*设置向左内间距*/
    background: #6dc5ef;         /*设置背景颜色*/
}
```

（3）代码编写完成后，在谷歌浏览器中运行本实例，具体运行效果如图 5-7 所示。

5.2.4　动手试一试

通过本案例的学习，读者应该了解并掌握<input>标签的功能和使用方法。通过改变 type 属性的属性值，我们可以在页面中添加不同的表单控件。学完本案例，读者可以尝试制作发送邮件的页面，具体运行效果如图 5-11 所示（案例位置：资源包\MR\第 5 章\动手试一试\5-2）。

图 5-11　发送邮件页面

5.3 【案例 3】好友留言

5.3.1 案例描述

本案例实现了一个留言板页面。我们观察图 5-12 所示留言板页面的内容，可以发现在页面的 "主人寄语" 和 "发表您的留言" 的下方都有一个宽大的文本框。这个文本框在 HTML5 中称为文本域，可以使用<textarea>文本域标签轻松实现。下面我们将详细讲解<textarea>文本域标签。

图 5-12　留言板页面

5.3.2 技术准备

<textarea>文本域标签

<textarea>标签定义多行的文本输入控件。文本域中可容纳无限大小的文本，文本的默认字体是等宽字体（通常是 Courier）。可以通过 cols 和 rows 属性来规定 textarea 的尺寸，不过更好的办法是使用 CSS 的 height 和 width 属性。

（1）语法格式如下。

```
<textarea  name="文本域名称"  value="文本域默认值"  rows="文本域行数"  cols="文本域列数"></textarea>
```

（2）语法解释。

❑ name：文本域的名称。

❑ rows：文本域的行数。

❑ cols：文本域的列数。

❑ value：文本域的默认值。

（3）举例：实现 QQ 聊天页面，具体代码如下（案例位置：资源包\MR\第 5 章\示例\5-4）。

```
<!DOCTYPE html>
<html lang="en">
<head>
    <meta charset="UTF-8">
    <title>QQ聊天</title>
    <style type="text/css">
        *{
            padding: 0;
            margin: 0;
```

```
    }
    .cont {              /*设置页面大小背景等*/
        width: 595px;
        height: 540px;
        margin: 20px auto;
        border: 1px solid #ebebeb;
        background: url("img/bg.png") no-repeat;
    }
    p {
        height: 400px;
    }
    form {               /*设置表单的宽度*/
        width: 590px;
    }
    textarea {           /*设置文本域样式*/
        display: block;
    }
    input {              /*设置按钮样式*/
        float: right;
        padding: 5px 20px;
        border-radius: 3px;
        background-color: #fff;
        border: 1px solid #8d8d8d;
        margin: 5px 10px;
    }
    .enter {
        background-color: #0AA8F8;
    }
    </style>
</head>
<body>
<div class="cont">
    <p></p>
    <form>
        <textarea cols="80" rows="6" autofocus></textarea><!--文本域-->
        <input type="button" value="关闭" class="enter">
        <input type="button" value="发送">
    </form>
</div>
</body>
</html>
```

页面效果如图 5-13 所示。

5.3.3 案例实现

【例 5-3】 好友留言（案例位置：资源包\MR\第 5 章\源码\5-3）。

1. 页面结构简图

本案例所使用的标签较多，其中"主人寄语"和"发表您的留言"这两部分使用了文本域，用于添加多行文字，下方"发表"按钮，以及"使用签名档"等都使用了<input>标签。具体页面结构如图 5-14 所示。

图 5-13 ＜ textarea ＞标签的示例页面

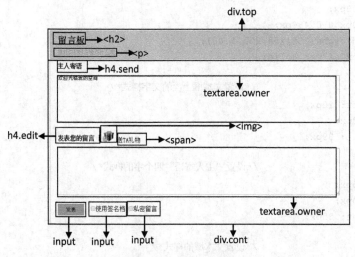

图 5-14 页面结构简图

2. 代码实现

（1）新建 index.html 文件，在该文件中引入 CSS 文件，然后在<body>标签中添加相关标签以及文字等内容，代码如下。

```html
<div class="cont">
  <div class="top">
    <h2>留言板</h2>
    <p>想对你的好友说点什么呢</p>
  </div>
  <h4 class="send">主人寄语</h4>
  <textarea class="owner" cols="105" rows="8" readonly>欢迎光临我的空间</textarea>
  <h4 class="edit">发表您的留言 |</h4>
  <img src="img/gift.png" height="30"> <span>送TA礼物</span>
  <textarea class="owner" cols="105" rows="8"></textarea>
  <input type="button" value="发表">
  <label><input type="checkbox">使用签名档 </label>
  <label><input type="checkbox">私密留言</label>
</div>
```

（2）新建 style.css 文件，在该文件中添加 CSS 代码设置页面样式，具体 CSS 代码如下。

```css
.top{
    background: #bcd44b;
    padding: 1px 20px;
}
.top h2{
    margin: 10px 0;
}
.top>p{
    color: #ed7c49;
    font-size: 14px;
    padding-bottom: 10px;
}
.cont {                          /*设置留言板的整体大小以及背景颜色*/
    width: 800px;
    height: 500px;
    margin: 20px 0 0 480px;
    background: rgba(255,255,255,1.00);
    border: 1px silver solid;
}
h4 {                             /*设置文本框上面的文字样式*/
    margin-left: 20px;
    width: 760px;
    line-height: 39px;
}
.send {                          /*设置"主人寄语"四个字的样式*/
    height: 35px;
    width: 760px;
    line-height: 35px;
}
.owner {                         /*设置文本域的样式*/
    margin: 5px 20px 20px 20px;
}
.edit {
    width: 120px;
    float: left;
}
[type="button"] {               /*设置下方"发表"按钮的样式*/
    margin: 0 10px 0 20px;
    height: 30px;
    width: 70px;
    background: rgba(237,124,73,1.00);
    border: 1px solid rgba(237,124,73,1.00);
}
```

（3）代码编写完成后，返回 index.html 文件，单击谷歌浏览器图标运行本实例，具体运行效果如图 5-12 所示。

5.3.4　动手试一试

通过本案例的学习，读者应该学会使用<textarea>文本域标签，在页面中添加段落文字。学完本节，读者可以使用<input>标签和<textarea>标签制作商品评价页面，具体运行结果如图 5-15 所示（案例位置：资源包\MR\第 5 章\动手试一试\5-3）。

图 5-15　商品评价页面

5.4　【案例 4】带附件的用户反馈

5.4.1　案例描述

本案例在表单布局中，增加了一个文件/图片上传组件。在 HTML5 中，文件/图片上传组件使用的是<input>标签，将 type 属性设置为不同的值即可。通过文件/图片上传组件，用户可以将相关的图片/文件上传到网站后台，如图 5-16 所示。下面将对该组件进行详细讲解。

【案例 4】带附件的用户反馈

图 5-16　用户反馈页面

5.4.2　技术准备

图像域和文件域在网页中也比较常见。其中图像域是为了解决表单中按钮比较单调、与页面内容不协调的问题；而文件域则常用于需要上传文件的表单。

1. 图像域

图像域是指带有图片的"提交"按钮，如果网页使用了较为丰富的色彩，或稍微复杂的设计，再使用表单默认的按钮形式会破坏整体的美感。这时，可以使用图像域，创建和网页整体效果相统一的"图像提交"按钮。

（1）语法格式如下。

```
<input type="image" src=" " name=" " />
```

（2）语法解释。

❑ src：图片地址，可以是绝对地址也可以是相对地址。

❑ name：按钮的名称，例如 submit、button 等，默认值为"button"。

2. 文件域

文件域在上传文件时常被用到，它用于查找硬盘中的文件路径，然后通过表单将选中的文件上传。我们在添加电子邮件附件、上传头像、发送文件时常常会看到这一控件。

（1）语法格式如下。

```
<input type="file" accept="" name="" >
```

（2）语法解释。

❑ accept：所接受的文件类别，有 26 种选择，可以省略，但不可自定义文件类型。

❑ name：文件传输按钮的名称，用于和页面中其他控件加以区别。

（3）举例：制作用户信息填写页面的部分代码如下（案例位置：资源包\MR\第 5 章\示例\5-5）。

```
<div class="mr-cont">
<h2>用户信息注册</h2>
  <form>
    <!--文件域-->
    <input type="file" class="fill">
    <!--图像域-->
    <input type="image" src="img/btn.jpg" class="btn">
  </form>
</div>
```

页面效果如图 5-17 所示。

图 5-17 图像域与文件域的示例页面

5.4.3　案例实现

【例 5-4】　实现用户反馈页面（案例位置：资源包\MR\第 5 章\源码\5-4）。

1. 页面结构简图

本案例中使用的表单控件有文本域、图像域和文件域，具体页面设计如图 5-18 所示。

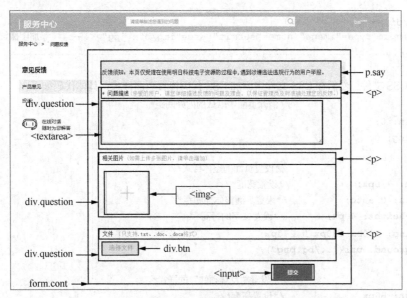

图 5-18　页面结构简图

2. 代码实现

（1）新建 index.html 文件，在 index.html 文件中引入 CSS 样式文件，然后在\<body\>标签中添加代码，部分代码如下。

```
<div class="cont">
    <p class="say">反馈须知：本页仅受理在使用明日科技电子资源的过程中,遇到涉嫌违法违规行为的用户举报。</p>
    <form>
        <div class="question">
            <p>
                <span>*</span>
                <span>问题描述</span>
                <span>(亲爱的用户,请您详细描述反馈的问题及理由,以保证管理员及时准确处理您的反
馈。)</span>
            </p>
            <textarea cols="90" rows="8"></textarea>
        </div>
        <div class="question">
            <p>
                <span>相关图片</span>
                <span>(如需上传多张图片,请单击增加)</span>
            </p>
            <img src="img/add.png" alt="" width="150px">
        </div>
        <div class="question">
```

```
        <p>
            <span>文件</span>
            <span>（只支持<span>.txt、.doc、.docx</span>格式）</span>
        </p>
        <div class="btn">
            <input type="button" value="选择文件"><!--添加按钮-->
            <input type="file"><!--添加文件域，单击可以选择文件-->
        </div>
    </div>
    <input type="image" name="submit" src="img/btn.jpg"><!--    添加图像域-->
    </form>
</div>
```

（2）新建 CSS 文件，然后在 CSS 文件中添加 CSS 代码设置页面样式，具体代码如下。

```
*{                              /*清除页面中默认的内外间距*/
    margin: 0;
    padding: 0;
}
.cont{                          /*设置页面的整体样式*/
    width: 720px;               /*设置宽度*/
    margin: 0 auto;             /*设置页面整体外间距*/
    line-height: 40px;          /*设置文字的行高*/
    padding: 140px 130px 0 270px;
    background: url("../bg.png");
}
.say{                           /*设置"反馈须知"的样式*/
    height: 60px;               /*设置高度*/
    background: #f7f1f1;        /*设置背景颜色*/
    line-height: 60px;          /*设置行高*/
}
.question{                      /*设置问题描述部分相关图片部分的样式*/
    margin-top: 10px;           /*设置向上的外间距*/
}
.color{
    color: #f00;                /*设置星号以及关键字的文字颜色为红色*/
}
.question p>:last-child{
    color: rgb(159,161,154);    /*设置文字颜色*/
}
.btn{                           /*设置按钮的整体样式*/
    position: relative;         /*设置定位方式*/
}
.btn [type="file"]{             /*设置文件域的样式*/
    padding: 5px;               /*设置内间距*/
    position: absolute;         /*设置定位方式为绝对定位*/
    top:0;
    left: 0;
    opacity: 0;                 /*将其设为透明*/
}
[type="text"]{                  /*设置单行文本框的样式*/
    height: 30px;               /*设置其高度*/
    width: 695px;
```

```
}
[type="file"],[type="button"]{              /*设置提交按钮、文件域以及按钮的公共样式*/
    width: 110px;                           /*设置其宽度*/
    height: 35px;
    font-size: 18px;
    font-weight: bolder;
    color: #00b0f0;                         /*设置文字颜色*/
    border: 0;                              /*清除边框*/
}
[type="image"]{                             /*设置图片按钮的样式*/
    margin-left:500px;
    width: 120px;                           /*设置其宽度*/
    margin-top: 30px
}
```

（3）返回 index.html 文件，并且在该文件中通过<link>标签引入 CSS 文件，具体代码如下。

```
<link href="css/mr-style.css" type="text/css" rel="stylesheet">
```

（4）代码编写完成后，单击 HTML 页面中的谷歌浏览器图标即可运行本案例，具体运行效果如图 5-16 所示。

5.4.4 动手试一试

学完本章，读者应该了解了表单中常用的控件类型，并且可以制作登录等页面。学完本案例，读者可以尝试制作祝福瓶页面，具体实现效果如图 5-19 所示（案例位置：资源包\MR\第 5 章\动手试一试\5-4）。

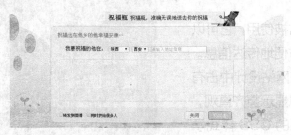

图 5-19　祝福瓶页面

小　结

本章主要讲解表单中常用的控件，包括文本框、文本域、单选框、复选框以及文件域和图像域。表单是网页中不可或缺的一部分，表单可以实现用户与网站交互。学完本章，读者应该掌握表单在网页中的运用。

习　题

5-1　简述表单的作用。

5-2　单行文本框和文本域的区别是什么？

5-3　请写出设置一个单选按钮的代码。

5-4　文件域的作用是什么？

第6章

列表与表格——让网站更规整

表格在网页设计中经常被使用，它可以存储更多内容，可以方便地传达信息。HTML5 中的列表，在网站设计中占有很大的比重，使得信息显示整齐直观，便于用户理解。在后面的 CSS 样式学习中我们将大量使用列表元素的高级功能。

本章要点

- 理解各种列表与表格的特点
- 掌握各种列表与表格的使用方法
- 使用各种列表与表格布局网页

6.1 【案例 1】图文结合显示课程列表

6.1.1 案例描述

一个在线教育平台一般会有很多学习课程，如何设计这些课程的展示效果呢？
HTML5 中的列表就是一个特别棒的工具。本案例展示明日学院的课程列表，效果如图 6-1 所示，接下来详细
讲解列表相关的知识内容。

图 6-1 明日学院的课程列表页面

6.1.2 技术准备

定义列表

定义列表是一种两个层次的列表，用于解释名词的定义，名词为第一层次，解释为第二层次，并且不包含
项目符号。

（1）语法格式如下。

```
<dl>
    <dt>名词一</dt>
<dd>解释1</dd>
<dd>解释2</dd>
<dd>解释3</dd>
    <dt>名词二</dt>
<dd>解释1</dd>
<dd>解释2</dd>
<dd>解释3</dd>
    ...
</dl>
```

（2）语法解释。

在定义列表中，一个<dt>标签下可以有多个<dd>标签用作名词的解释和说明，以实现定义列表的嵌套。

（3）举例：实现一份心理测试题，该测试题中问题的每一个选项的具体解释为一个<dl>标签，具体代码如

下（案例位置：资源包\MR\第 6 章\示例\6-1）。

```
<h2>测试十月份你的旅游胜地</h2>
<p>秋高气爽的十月是人们旅游的黄金时期，那么最适合你的旅游的地方是哪儿呢？快来测试一下吧，回答下面问题，单击答案查看测试结果吧。</p>
<fieldset>
    <legend>外出旅游你最担心什么问题？</legend>
    <details>
        <summary>A、气候</summary>
        <dl>
            <dt>你最适合的旅游胜地为苏州</dt>
            <dd>无论做任何事情，你总是很关注不利的客观条件，而这些条件总会束缚你的行动，苏州对你来
                说是一个不错的旅游胜地，无论是景色还是气候，以及人文素养对你来说都是无可挑剔的。
            </dd>
        </dl>
    </details>
    <details>
        <summary>B、花销</summary>
        <dl>
            <dt>你最适合的旅游胜地为香港</dt>
            <dd>购物狂大概就是你的代名词，无论去哪里，你想的最多的就是买买买，
                而香港就是你的购物天堂，在那里，你可以买到更多自己心仪的物品
            </dd>
        </dl>
    </details>
    <!--此处省略部分雷同代码-->
</fieldset>
```

页面效果如图 6-2 所示。

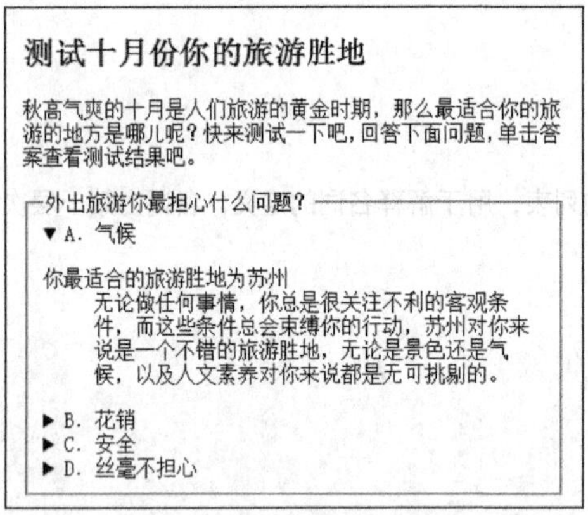

图 6-2　定义列表的示例页面

6.1.3　案例实现

【例6-1】 图文结合显示课程列表（案例位置：资源包\MR\第 6 章\源码\6-1）。

1. 页面结构简图

本案例中主要由 8 个<dl>定义列表组成，其结构如图 6-3 所示。而每一个<dl>定义列表标签中含有 1 个<dt>标签和 3 个<dd>标签，然后在<dd>标签中嵌套<span>标签，具体结构如图 6-4 所示。

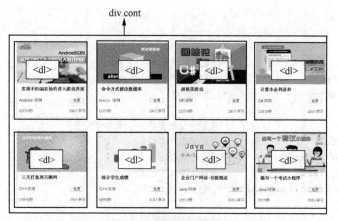

图6-3　页面结构简图（1）

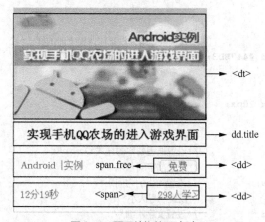

图6-4　页面结构简图（2）

2. 代码实现

（1）新建 index.html 文件，在 index.html 文件中将<title>标签的文字修改为该网页的标题，然后在<body>标签中添加定义列表标签、图片以及文字等内容，代码如下。

```
<div class="cont">
    <dl>
        <dt><img src="img/Android.jpg" alt=""></dt>
        <dd class="title">实现手机QQ农场的进入游戏界面</dd>
        <dd>Android |实例<span class="free">免费</span></dd>
        <dd>12分19秒<span>298人学习</span></dd>
    </dl>
    <dl>
        <dt><img src="img/c%23.png" alt=""></dt>
        <dd class="title">命令方式修改数据库</dd>
        <dd>Oracle |实例<span class="free">免费</span></dd>
        <dd>12分9秒<span>290人学习</span></dd>
    </dl>
    <!--省略雷同代码-->
</div>
```

（2）新建 css.css 文件，在该文件中添加 CSS 代码，设置页面样式，具体代码如下。

```
*{                                    /*清除页面中默认的内外间距*/
```

```
        padding: 0;
        margin: 0;
    }
    .cont{                           /*设置页面整体样式*/
        width: 1470px;               /*设置宽度*/
        margin: 0 auto;              /*设置外间距*/
    }
    dl{                              /*设置定义列表的总体样式*/
        float: left;                 /*设置浮动方式*/
        margin:30px 20px;            /*设置外间距*/
        text-align: left;            /*设置文字对齐方式*/
        border:1px solid #cacaca;    /*设置边框*/
    }
    dl dt img{                       /*设置图片的样式*/
        height: 180px;               /*设置图片的高度*/
        width: 320px;
    }
    dl:hover {                       /*设置鼠标指针放置在课程上时的样式*/
        border: 1px solid #447BD3;   /*添加边框*/
    }
    dl dd{                           /*设置文字部分公共样式*/
        padding: 9px 10px 20px;      /*设置内间距*/
        color: #666;                 /*设置文字颜色*/
    }
    .title{                          /*设置课程名称的样式*/
        color: #000;                 /*设置文字颜色*/
        padding-top: 10px;           /*设置向上的内间距*/
        font-size: 20px;             /*设置字号大小*/
        font-weight: bold;           /*设置文字粗细*/
        margin-left: 10px;           /*设置向左的外间距*/
    }
    dl dd span{                      /*设置每门课程的第二行、第三行描述文字第二部分的样式*/
        display: block;              /*设置显示方式*/
        float: right;                /*设置浮动方式*/
        text-align: center;          /*设置对齐方式*/
    }
    .free{                           /*设置"免费"文字的样式*/
        margin-right: 7px;           /*设置向右的外间距*/
        border: 1px solid #0f0;      /*设置边框*/
        border-radius: 5px;          /*设置圆角半径*/
        width: 60px;                 /*设置宽度*/
    }
```

（3）返回 index.html 文件，在该文件的<head>标签中引入 CSS 样式文件，代码如下。

```
<link href="css/css.css" type="text/css" rel="stylesheet">
```

（4）代码编写完成后，在谷歌浏览器中运行本案例，其运行效果如图 6-1 所示。

6.1.4　动手试一试

通过本案例的学习，读者应掌握 HTML5 中定义列表的使用方法。学完本节，读者可以结合定义列表标签与 CSS 相关知识，制作穷游网的穷游商城页面，具体实现效果如图 6-5 所示（案例位置：资源包\MR\第 6 章\动手试一试\6-1）。

穷游商城

图 6-5　穷游商城页面

6.2　【案例 2】制作导航菜单特效

6.2.1　案例描述

导航菜单如同地图一样，指引用户到各个功能页面去，因此，导航菜单是网站的必备项目。本案例实现了一个导航菜单的页面，效果如图 6-6 所示。鼠标指针停留在导航项上时，可以发现该导航项的背景颜色会变成红色，同时文字颜色会变成白色。下面我们将详细讲解无序列表标签。

图 6-6　导航菜单页面

6.2.2　技术准备

无序列表

无序列表的特征在于提供一种不编号的列表方式，在每一个项目文字之前，以符号作为分项标识。

（1）语法格式如下。

```
<ul>
    <li>第1项</li>
    <li>第2项</li>
    …
</ul>
```

（2）语法解释。

在该语法中，使用< ul ></ ul>表示这一个无序列表的开始和结束，而<li>则表示一个列表项的开始。在一个无序列表中可以包含多个列表项。

（3）举例：使用无序列表定义实现 NBA 东部联盟球队前四强，具体代码如下（案例位置：资源包\MR\第 6 章\示例\6-2）。

```
<!DOCTYPE html>
<html lang="en">
```

```
<head>
    <meta charset="UTF-8">
    <title>无序列表</title>
</head>
<body>
<p>NBA东部联盟球队排名前四强</p>
<ul>
    <li>多伦多 猛龙</li>
    <li> 密尔沃基 雄鹿</li>
    <li>底特律 活塞</li>
    <li>费城 76人</li>
</ul>
</body>
</html>
```

页面效果如图 6-7 所示。

图 6-7　无序列表标签的示例页面

6.2.3　案例实现

【例 6-2】 制作导航菜单特效（案例位置：资源包\MR\第 6 章\源码\6-2）。

1. 页面结构简图

本案例主要由两部分组成，分别是导航和图片，具体页面结构如图 6-8 所示。

图 6-8　页面结构简图

2. 代码实现

（1）新建 index.html 文件，在 index.html 文件的<title>标签中添加网页的标题，然后在<body>标签中添加无序列表标签等内容，代码如下。

```
<div class="cont">
    <ul class="nav">
        <li>全部分类</li>
        <li>美食</li>
        <li>手机</li>
        <li>电子书</li>
        <li>网络文学</li>
    </ul>
    <img src="img/picc1.png" class="right">
</div>
```

（2）新建 CSS 文件，为 CSS 文件命名为 style.css，然后在 CSS 文件中添加代码设置网页样式，具体代码
如下。

```
.cont {              /*设置页面整体大小和位置*/
    margin: 20px auto;
    width: 870px;
    height: 400px;
}
.nav {                    /*设置上方横向导航的样式*/
    height: 40px;
    width: 685px;
    border-bottom: 3px solid #ff2832;
}
.nav > li {                    /*设置上方横向的导航的列表项样式*/
    list-style: none;         /*清除列表项的默认样式*/
    text-align: center;      /*设置文字水平居中显示*/
    float: left;
    font: bold 18px/47px "宋体";
    width: 110px;
    height: 40px;
}
.nav > li:hover {              /*设置当光标落在上方横向导航的列表项时的样式*/
    background: #ff4d5a;
    color: #fff;
}
.nav > :first-child {        /*设置上方导航的第一个列表项样式*/
    background: #ff4d5a;
    width: 150px;
}
.right{
    width: 685px;
}
```

（3）代码编写完成后，在谷歌浏览器中运行本案例，运行结果如图 6-6 所示。

6.2.4　动手试一试

通过案例 2 的学习，读者应该了解并掌握 HTML5 中无序列表标签的使用方法。学完本案例，读者可以制
作 QQ 好友分组页面，具体效果如图 6-9 所示（案例位置：资源包\MR\第 6 章\动手试一试\6-2）。

图 6-9　QQ 好友分组页面

6.3　【案例 3】有序列表让招聘信息更清晰

【案例 3】有序列表
让招聘信息更清晰

6.3.1　案例描述

相信许多人有在招聘网站上搜索工作或者投递简历的经历，本案例将实现这样一个招聘信息的列表页面，效果如图 6-10 所示。我们可以发现该页面从上到下的排列布局非常整齐。此案例将使用 HTML5 中的有序列表标签，通过有序列表标签，可以在列表的基础上添加序号。下面我们将对有序列表进行详细讲解。

职位名称	招聘人数	招聘地点	招聘详情
1. 教育平台产品技术部——Flex 开发工程师	1	北京	查看>>
2. 教育平台产品技术部——高级产品经理	1	北京	查看>>
3. 教育平台产品技术部——Web前端工程师	1	北京	查看>>
4. 教育平台产品技术部——测试工程师	1	北京	查看>>
5. UI设计实习生	3	北京	查看>>
6. C++开发工程师	3	北京	查看>>
7. 高级后台开发工程师	3	北京	查看>>
8. 高级PHP开发工程师	1	北京	查看>>
9. 高级产品经理	1	北京	查看>>

图 6-10　招聘信息的列表页面效果

6.3.2　技术准备

有序列表

默认情况下，有序列表的序号是阿拉伯数字，通过 type 属性可以调整整序号的类型，例如将其修改成字母等。

（1）语法格式如下。

```
<ol type=序号类型>
    <li>第1项</li>
    <li>第2项</li>
    <li>第3项</li>
    ...
</ol>
```

（2）语法解释。

在该语法中，序号类型可以有 5 种，如表 6-1 所示。

表 6-1　有序列表的序号类型

参数名称	参数解释
1	数字 1,2,3,4…
a	小写英文字母 a,b,c,d…
A	大写英文字母 A,B,C,D…
i	小写罗马数字 i,ii,iii,iv…
I	大写罗马数字 I,II,III,IV…

（3）举例：列举 2018 俄罗斯世界杯四强，具体代码如下（案例位置：资源包\MR\第 6 章\示例\6-3）。

```
<body>
<p>2018年俄罗斯世界杯四强</p>
<ol>
    <li>法国队</li>
    <li>克罗地亚队</li>
    <li>比利时队</li>
    <li>英格兰队</li>
</ol>
```

页面效果如图 6-11 所示。

图 6-11　有序列表的示例页面

6.3.3　案例实现

【例 6-3】　有序列表让招聘信息更清晰（案例位置：资源包\MR\第 6 章\源码\6-3）。

1. 页面结构简图

本案例主要由有序列表和无序列表组成，具体页面结构如图 6-12 所示。

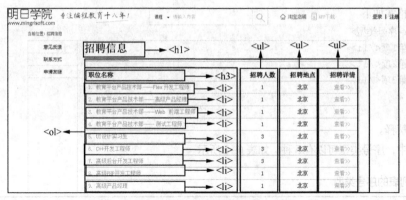

图 6-12 页面结构简图

2. 代码实现

（1）新建 index.html 文件，然后在该文件的<title>标签中添加网页标题，并且在<body>标签中添加有序列表以及无序列表等内容，关键代码如下。

```
<div class="cont">
    <h1>招聘信息</h1><hr>
    <div>
        <!--添加有序列表-->
        <ol>
            <h3>职位名称</h3>
            <li>教育平台产品技术部——Flex开发工程师</li>
            <li>教育平台产品技术部——高级产品经理</li>
            <li>教育平台产品技术部——Web前端工程师</li>
            <!-重复使用<li>标签，省略雷同代码-->
        </ol>
        <!--        添加无序列表-->
        <ul>
            <h3>招聘人数</h3>
            <li>1</li>
            <li>1</li>
            <li>1</li>
            <!--重复使用<li>标签，省略雷同代码-->
        </ul>
        <ul>
            <h3>招聘地点</h3>
            <li>北京</li>
            <li>北京</li>
            <li>北京</li>
            <!--重复使用<li>标签，省略雷同代码-->
        </ul>
        <ul>
            <h3>招聘详情</h3>
            <li>查看>></li>
            <li>查看>></li>
            <li>查看>></li>
            <!--重复使用<li>标签，省略雷同代码-->
        </ul>
```

```
        </div>
    </div>
```

（2）新建 CSS 文件，在 CSS 文件中添加 CSS 代码设置页面样式，具体代码如下。

```css
*{                                          /*清除页面中默认的内外间距*/
    padding: 0;
    margin: 0;
}
.cont{                                      /*设置页面的整体样式*/
    margin: 20px auto;                      /*设置外间距*/
    width: 950px;                           /*设置整体宽度*/
    height: 440px;
    padding: 100px 0 0 280px;
    background: url("../bg.png");
}
h1{                                         /*设置标题的样式*/
    padding: 2px 0 15px;                    /*设置内间距*/
    width: 135px;                           /*设置宽度*/
    border-bottom: 3px solid rgb(255,189,146);   /*设置下边框*/
}
hr{                                         /*设置水平线*/
    width:820px;                            /*设置宽度*/
}
.cont div{                                  /*设置主体部分的整体样式*/
    margin-top: 20px;                       /*设置向上的外间距*/
}
ul,ol{                                      /*设置有序列表和无序列表的公共样式*/
    float: left;                            /*设置浮动方式*/
}
ol{                                         /*设置有序列表的样式*/
    width: 450px;                           /*设置宽度*/
    list-style-position: inside;            /*设置列表项标志（序号）的位置*/
}
ol li{                                      /*设置有序列表项的样式*/
    color:rgb(78,150,204);                  /*改变文字颜色*/
}
ul{                                         /*设置无序列表的样式*/
    text-align: center;                     /*设置文字对齐方式*/
    width: 120px;                           /*设置宽度*/
    list-style: none;                       /*清楚列表项样式*/
}
li,h3{                                      /*设置所有列表项以及标题的三级标题样式*/
    padding-left: 20px;                     /*设置向左的内间距*/
    border: 1px solid #acacac;              /*设置边框*/
    border-top: none;                       /*清除上边框*/
    border-right: none;                     /*清除右边框*/
    height: 35px;                           /*设置高度*/
    line-height: 35px;                      /*设置行高*/
}
ul :first-child,ol :first-child{            /*设置表格中第一行的样式*/
    border-top: 1px solid #acacac;          /*设置上边框*/
}
```

```
.cont div>:last-child li{                    /*设置最后一个无序列表的列表项的样式*/
    border-right: 1px solid #acacac;         /*设置右边框*/
    color: rgb(255,148,78);                  /*设置文字颜色*/
}
.cont div>:last-child h3{                     /*设置最后一列的标题的样式*/
    border-right: 1px solid #acacac;          /*设置右边框*/
}
```

（3）返回 index.html 文件，在该文件的<head>标签中引入 CSS 文件的路径，代码如下。

```
<link href="css/css.css" type="text/css" rel="stylesheet">
```

（4）代码编写完成后，在谷歌浏览器中运行本案例，具体运行效果如图 6-10 所示。

6.3.4 动手试一试

通过本案例的学习，读者应该学会使用有序列表标签，特别是在需要排序列表的页面中，有序列表标签特别有用。学完本节，读者可以通过有序列表实现音乐排行榜页面，具体实现效果如图 6-13 所示（案例位置：资源包\MR\第 6 章\动手试一试\6-3）。

图 6-13　音乐排行榜页面

6.4　【案例 4】表格设计订单页面

【案例 4】表格设计
订单页面

6.4.1　案例描述

本案例实现了一个表格设计订单页面，效果如图 6-14 所示。本案例通过 HTML5 中的表格标签实现，表格标签与列表标签同样重要，特别是在网站后台的页面设计中，经常会用到表格标签。下面我们将详细讲解表格标签的内容。

6.4.2　技术准备

表格是排列内容的最佳工具。在 HTML 页面中，有很多页面都是使用表格进行排版的。简单的表格由<table>标签、<tr>标签和<td>标签组成。使用<table>表格标签，我们可以实现课程表、成绩单等常见的表格。

图 6-14　表格设计的订单页面效果

1. 简单表格

添加表格时，需要在<table>表格标签中添加行标签<tr>与单元格标签<td>。

（1）其语法格式如下。

```
<table>
    <tr>
        <td>单元格内的文字</td>
        <td>单元格内的文字</td>
        ……
    </tr>
    <tr>
        <td>单元格内的文字</td>
        <td>单元格内的文字</td>
        ……
    </tr>
    ……
</table>
```

（2）语法解释。

<table>和</table>标签分别表示一个表格的开始和结束；而<tr>和</tr>标签则分别表示表格中一行的开始和结束，在表格中包含几组<tr> </tr>，就表示该表格为几行；<td>和</td>标签分别表示一个单元格的开始和结束，也可以说表示一行中包含了几列。

2. 表格的合并

表格的合并是指在复杂的表格结构中，有些单元格跨多个列，有些单元格是跨多个行的。

（1）语法格式如下。

```
<td colspan="跨的列数">
<td rowspan="跨的行数">
```

（2）语法解释。

跨的列数就是这个单元格在水平方向上跨列的个数，跨的行数是指单元格在垂直方向上跨行的个数。

（3）举例：制作医院自助排队机页面，部分代码如下（案例位置：资源包\MR\第 6 章\示例\6-4）。

```
<table align="center" width="500">
    <caption><h2>医院自助排队机</h2></caption>
    <tbody>
    <tr align="center" bgcolor="#fff979">
        <th width="80">姓名</th>
        <th width="80">编号</th>
        <th width="80">科室</th>
        <th width="80">门室</th>
        <th width="120">排队人数(人)</th>
    </tr>
    <tr align="center" bgcolor="#6bffe1">
        <td rowspan="2">王明</td            <!--纵向合并两个单元格-->
        <td rowspan="2">0203007</td>        <!--纵向合并两个单元格-->
        <td >检验科</td>
        <td >101室</td>
        <td>5</td>
    </tr>
    <tr align="center" bgcolor="#6bffe1">
        <td>放射科</td>
        <td>403室</td>
        <td>20</td>
    </tr>
    <tr align="center" bgcolor="#ffc3e9">
        <td>张晓</td>
        <td>0103005</td>
        <td>内科</td>
        <td>201室</td>
        <td>3</td>
    </tr>
    <!--此处省略雷同代码-->
    </tbody>
</table>
```

页面效果如图 6-15 所示。

医院自助排队机

姓名	编号	科室	门室	排队人数(人)
王明	0203007	检验科	101室	5
		放射科	403室	20
张晓	0103005	内科	201室	3
王妮	1203017	眼科	503室	10
王茜	0203023	眼科	101室	5
张三	0203427	检验科	101室	8

图 6-15　医院自助排队机页面

6.4.3　案例实现

【例 6-4】　表格设计订单页面（案例位置：资源包\MR\第 6 章\源码\6-4）。

1. 页面结构简图

本案例实现了表格设计订单页面，该页面中多处运用单元格的合并方法，具体表格的样式以及表格中的其他表格标签如图 6-16 所示。

图 6-16　页面结构简图

2. 代码实现

（1）新建 index.html 文件，在该文件中将<title>标签中的内容写为网页的标题，然后在<body>标签中添加表格标签，以及文字和图片等内容，关键代码如下。

```html
<table cellpadding="0" cellspacing="0" align="center">
    <!--    tr表示表格的行。td为表格的列-->
    <thead>
    <tr>
        <td colspan="12">
            <h2>我的订单</h2>
        </td>
    </tr>
    <tr>
        <td>状态</td>
        <td><span>全部</span></td>
        <td>未付款</td>
        <td>已付款</td>
        <td>已成功</td>
        <td>待评价</td>
        <td>退款中</td>
        <td>已评价</td>
        <td colspan="4">已关闭</td>
    </tr>
    </thead>
    <tbody>
    <tr>
        <td colspan="3">订单号</td>
        <td colspan="4">课程/套餐名称</td>
        <td>价格</td>
        <td colspan="2"><select>
            <option>下单时间</option>
        </select></td>
        <td>订单状态</td>
        <td>操作</td>
    </tr>
    <tr>
```

```
        <td colspan="3">
            <span>16476398</span><span>订单详情</span>
        </td>
        <td colspan="4">
            <div><img src="img/book1.png" alt=""></div>
            <div class="margin"><span>Android项目开发</span><span>实战入门</span></div>
            <div>联系客服</div>
        </td>
        <td>￥59.80</td>
        <td colspan="2"><span>2017-11-11</span><span>10:31:50</span></td>
        <td>已付款</td>
        <td><span>评价课程</span><span>开始学习</span></td>
    </tr>
    <tr>
        <td colspan="3">
            <span>16476398</span><span>订单详情</span>
        </td>
        <td colspan="4">
            <div><img src="img/book2.png" alt=""></div>
            <div class="margin"><span>Java项目开发</span><span>实战入门</span></div>
            <div>联系客服</div>
        </td>
        <td>￥59.80</td>
        <td colspan="2"><span>2017-11-11</span><span>9:31:50</span></td>
        <td>已付款</td>
        <td><span>评价课程</span><span>开始学习</span></td>
    </tr>
    <tr>
        <td colspan="3">
            <span>16476398</span><span>订单详情</span>
        </td>
        <td colspan="4">
            <div><img src="img/book3.png" alt=""></div>
            <div class="margin"><span>Python项目开发</span><span>实战入门</span></div>
            <div>联系客服</div>
        </td>
        <td>￥69.80</td>
        <td colspan="2"><span>2017-11-11</span><span>9:20:50</span></td>
        <td>已付款</td>
        <td><span>评价课程</span><span>开始学习</span></td>
    </tr>
    </tbody>
</table>
```

（2）在 index.html 文件的\<head\>标签中添加\<style\>标签，然后在\<style\>标签中添加 CSS 代码，设置表格样式，具体代码如下。

```
table{                                    /*设置表格的整体样式*/
    width: 1230px;                        /*设置表格的宽度*/
    background: url("../img/bg.png");
    padding: 60px 0 0 260px;
}
```

```
thead>:first-child td h2{                                /*设置"我的订单"的样式*/
    padding: 0px 20px 10px;                              /*设置内间距*/
    width: 100px;                                        /*设置宽度*/
    border-bottom: 3px solid rgb(255,127,0);             /*设置下边框*/
}
thead>:last-child>:first-child+td span{                  /*设置"全部"的样式*/
    color: #fff;                                         /*设置文字颜色*/
    width: 40px;                                         /*设置宽度*/
    text-align: center;                                  /*设置对齐方式*/
    padding:3px 5px;                                     /*设置内间距*/
    background: rgb(91,199,157);                         /*设置背景颜色*/
}
tbody tr{                                                /*设置表格主体部分的样式*/
    height: 120px;                                       /*设置高度*/
    text-align: center;                                  /*设置文字的对齐方式*/
    color: #999;                                         /*设置文字颜色*/
}
tbody{
    margin-top: 20px;
}
tbody>:first-child{                                      /*设置表格主体第一行的样式*/
    height: 40px;                                        /*设置行高*/
    font-size: 13px;                                     /*设置字号大小*/
}
span{                                                    /*设置表格内容中文字样式*/
    display: block;                                      /*设置文字在页面中的显示方式*/
    margin-top: 5px;                                     /*设置向上的外间距*/
}
td>div{                                                  /*设置表格中第二列的样式*/
    float: left;                                         /*设置浮动方式*/
    text-align: left;                                    /*设置文字的对齐方式*/
}
.margin{                                                 /*设置图书名称的样式*/
    margin: 30px 0 0 30px;                               /*改变外间距*/
}
.margin+div{                                             /*设置"联系客服"的样式*/
    margin-top: 60px;                                    /*设置向上的外间距*/
    color: rgb(240,91,72);                               /*设置文字颜色*/
    border-bottom: 1px solid rgb(240,91,72);             /*设置下边框*/
    font-size: 12px;                                     /*设置字号大小*/
}
img{                                                     /*设置图片样式*/
    width: 60px;                                         /*设置图片宽度*/
}
```

（3）代码编写完成后，在谷歌浏览器中运行本案例，具体运行效果如图6-14所示。

6.4.4 动手试一试

本案例讲解了表格的使用方法，学完本案例，读者可以尝试使用表格制作求职简历，具体实现效果如图6-17所示（案例位置：资源包\MR\第6章\动手试一试\6-4）。

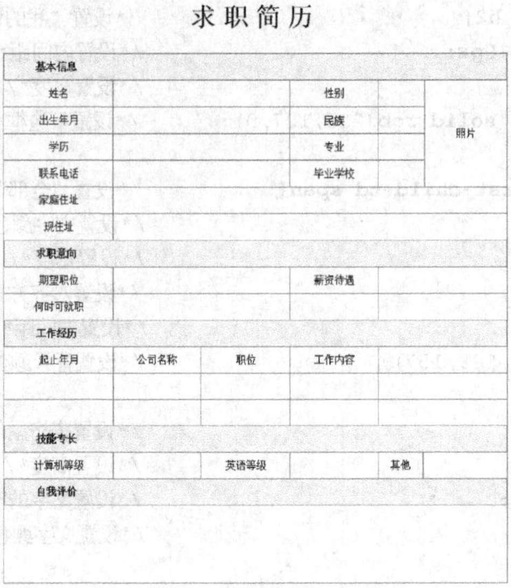

图 6-17　表格设计求职简历

小　结

　　本章讲解了列表与表格的相关知识，学完本章，读者应该学会各种列表与表格的使用方法，并且知晓各自的适用范围，以便在布局网页时，能够灵活地选择。在网页开发中，无序列表常被用于导航等内容，有序列表则被用于网站中需要排序的内容，定义列表可被用于图文结合的内容，而表格则是布局"神器"。

习　题

　　6-1　与定义列表相关的标签有哪些？它们的作用是什么？

　　6-2　有序列表和无序列表的区别是什么？

　　6-3　有序列表的序号类型有哪些？

　　6-4　在 HTML 中，绘制一张表格通常需要使用哪几种标签？

　　6-5　在 HTML 中，合并单元格有哪两种方式？

第7章

CSS3布局与动画

本章要点

■ 深入学习CSS3布局
■ 掌握CSS3中transform的应用
■ 熟悉CSS3中transition的应用
■ 灵活运用CSS3在网页中自定义动画

■ 在上一章中，我们学习了非常重要的布局工具——表格和列表。接下来，本章将通过案例1让读者深入了解CSS布局，希望读者能变换思维，根据具体的需求，灵活运用HTML5中的各种布局技术；而其他3个案例目的是让读者学习如何在网页中添加动画。

7.1 【案例1】布局积分兑奖页面

7.1.1 案例描述

本案例中我们将使用 CSS3 中的布局实现图 7-1 所示的积分兑奖页面。在实际开发中，我们普遍使用 CSS3 进行页面设计和布局。那么，CSS3 布局有什么样的优点呢？在学习 CSS3 布局技巧之前，我们应了解并掌握 CSS3 中 display 属性和 float 属性的用法。下面将对它们进行详细讲解。

图 7-1 积分兑换页面

7.1.2 技术准备

1. display 属性

display 属性是 CSS 中最重要的用于控制布局的属性。每一个标签都有一个默认的 display 值，这与标签的类型有关。默认值通常是 block 或 inline。值为 block 的标签通常叫块状标签，值为 inline 的标签通常叫行内标签。

（1）块状标签。

<div>标签是一个标准的块状标签，一个块状标签会新开始一行并且尽可能撑满容器。常用的块状标签有 <p>标签和<form>标签等，如图 7-2 所示。

图 7-2 块状标签的演示

（2）行内标签。

<span>标签是一个标准的行内标签，一个行内标签可以在段落中包含一些文字而不会打乱段落的布局。

<a>标签是最常用的行内标签，它可以被用作链接，如图 7-3 所示。

span 是一个标准的行内元素。一个行内元素可以在段落中 <span> 像这样 </span> 包含一些文字而不会打乱段落的布局。a 元素是最常用的行内元素，它可以被用作链接。

图 7-3　行内标签的演示

2. float 属性

布局中经常使用的另一个 CSS 属性是 float 属性，float 属性定义标签在哪个方向浮动。以前这个属性经常被应用于图像，使文本围绕在图像周围；不过在 CSS3 中，任何标签内容都可以浮动。浮动内容会产生一个块级框，不论它本身是何种标签。

（1）语法格式如下。

```
CSS3选择器{
    float: right或left
}
```

（2）语法解释。

left 值表示标签向左浮动，right 值表示标签向右浮动。如果在一行中只有极少的空间可供浮动内容，那么这个浮动标签内容就会跳至下一行，这个过程会持续到某一行拥有足够的空间为止。

（3）举例：实现文字与图片并排展示，代码如下（案例位置：资源包\MR\第 7 章\示例\7-1）。

```html
<!DOCTYPE html>
<html lang="en">
<head>
    <meta charset="UTF-8">
    <title>示例</title>
    <style>
        img {
            width: 200px;
            float: right;
            margin: 0 0 1px 10px;
        }
        p{
            line-height: 30px;
        }
    </style>
</head>
<body>
<p>
    <img src="img.jpg" />
    明日学院，是吉林省明日科技有限公司倾力打造的在线实用技能学习平台。
    该平台于2016年正式上线，主要为学习者提供海量、优质的课程，
    课程结构严谨，用户可以根据自身的学习程度，自主安排学习进度。
    我们的宗旨是，为编程学习者提供一站式服务，培养学习者的编程思维。
</p>
</body>
</html>
```

页面效果如图 7-4 所示。

图 7-4　float 属性的示例页面

7.1.3　案例实现

【例 7-1】　应用 CSS3 布局积分兑奖页面（案例位置：资源包\MR\第 7 章\源码\7-1）。

1. 页面结构简图

本案例主要通过 8 个<dl>列表标签添加图片以及文字等内容，具体页面结构简图如图 7-5 所示，由于需要给每一个<dl>列表标签设置文字的颜色、边框等为不同的样式，所以在<dd>标签中嵌套了<span>标签，具体页面结构简图如图 7-6 所示。

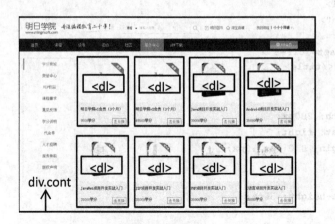

图 7-5　页面结构简图（1）

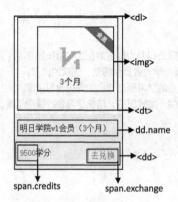

图 7-6　页面结构简图（2）

2. 代码实现

（1）新建 index.html 文件，在该文件的<title>标签中设置网页标题，然后在<body>标签中添加定义列表等标签，具体代码如下。

```html
<div class="cont">
    <dl>
        <dt><img src="img/vip1.png" alt=""></dt>
        <dd class="name">明日学院v1会员（3个月）</dd>
        <dd><span class="credits">9500</span>学分<span class="exchange">去兑换</span></dd>
    </dl>
    <dl>
        <dt><img src="img/vip2.png" alt=""></dt>
        <dd class="name">明日学院v2会员（3个月）</dd>
        <dd><span class="credits">49500</span>学分<span class="exchange">去兑换</span>
</dd>
    </dl>
    <dl>
        <dt><img src="img/e-book1.png" alt=""></dt>
        <dd class="name">Java项目开发实战入门</dd>
        <dd><span class="credits">30000</span>学分<span class="exchange">去兑换</span>
</dd>
    </dl>
    <dl>
        <dt><img src="img/e-book2.png" alt=""></dt>
        <dd class="name">Android项目开发实战入门</dd>
        <dd><span class="credits">35000</span>学分<span class="exchange">去兑换</span>
</dd>
    </dl>
    <dl>
        <dt><img src="img/ebook3.png" alt=""></dt>
        <dd class="name">JavaWeb项目开发实战入门</dd>
        <dd><span class="credits">35000</span>学分<span class="exchange">去兑换</span>
</dd>
    </dl>
    <dl>
        <dt><img src="img/ebook4.png" alt=""></dt>
        <dd class="name">JSP项目开发实战入门</dd>
        <dd><span class="credits">35000</span>学分<span class="exchange">去兑换</span>
</dd>
    </dl>
    <dl>
        <dt><img src="img/ebook5.png" alt=""></dt>
        <dd class="name">PHP项目开发实战入门</dd>
        <dd><span class="credits">35000</span>学分<span class="exchange">去兑换</span>
</dd>
    </dl>
    <dl>
        <dt><img src="img/ebook6.png" alt=""></dt>
        <dd class="name">C语言项目开发实战入门</dd>
        <dd><span class="credits">35000</span>学分<span class="exchange">去兑换</span>
</dd>
```

```
            </dl>
        </div>
```

（2）新建 CSS 文件，并命名为 css.css，在该文件中添加 CSS 代码，具体代码如下。

```
*{                              /*清除页面中默认的内外间距*/
    padding: 0;
    margin: 0;
}
.cont{                          /*设置页面的整体样式*/
    width: 1115px;              /*设置页面的整体大小*/
    height: 800px;
    margin: 20px auto;          /*设置页面的整体外间距*/
    padding:154px 0 0 250px;
    background: url("../img/bg.jpg") no-repeat;
}
.cont dl{                       /*设置定义列表的样式*/
    border: 1px solid #e6e6e6;  /*添加边框*/
    margin: 20px 10px;          /*改变其外间距*/
    float: left;                /*设置定义列表的浮动样式*/
}
.cont dt img{                   /*设置商品图片的样式*/
    padding: 20px;              /*设置其内间距*/
    width: 180px;
}
dd{                             /*设置文字内容的样式*/
    background: #f0f2f7;        /*设置文字的背景颜色*/
    padding: 20px 10px;         /*设置文字的内间距*/
}
.name{                          /*设置第一行文字内容的样式*/
    padding-bottom: 10px;
}
.credits{                       /*设置学分的样式*/
    color: #f00;
}
.exchange{                      /*设置"去兑换"的样式*/
    float: right;               /*设置向右浮动*/
    color: #447BD3;
    padding: 4px 6px;
    border: 1px solid #447BD3;
}
```

（3）编辑完 CSS 代码后，返回 index.html 文件，在该文件的<head>标签中引入 CSS 文件路径，代码如下。

```
<link href="css/css.css" type="text/css" rel="stylesheet">
```

（4）引入 CSS 文件路径以后，在谷歌浏览器中运行本案例，运行结果如图 7-1 所示。

7.1.4　动手试一试

通过本案例的学习，读者应了解 CSS3 布局的特点，掌握 CSS3 中 display 属性和 float 属性的使用方法和适用场景。学完本节，读者可以尝试运用本节知识点制作二级导航菜单，具体效果如图 7-7 所示（案例位置：资源包\MR\第 7 章\动手试一试\7-1）。

图 7-7　二级导航菜单

7.2　【案例2】鼠标指针经过时的图片特效

7.2.1　案例描述

本案例实现了一个导航菜单的动画效果。图 7-8 所示为明日学院"攻城宝典"的页面，将鼠标指针停留在书籍图片上时，图片会向左平移。这里为大家讲解 CSS3 中的 transform 动画属性。

图 7-8　鼠标指针停留时的图片动画效果

7.2.2　技术准备

变换（transform）

在 CSS3 中提供了 transform 和 transform-origin 两个用于实现 2D 变换的属性。其中，transform 属性用于实现平移、缩放、旋转和倾斜等 2D 变换，而 transform-origin 属性则用于设置中心点的变换。

（1）语法格式如下。

```
<style>
    选择器{
        transform:属性值;
    }
</style>
```

（2）语法解释：transform 属性的属性值及其含义如表 7-1 所示。

表 7-1　transform 属性的属性值及含义

属性值	含义
none	表示无变换
translate(<length>[,<length>])	表示实现 2D 平移。第一个参数对应水平方向，第二个参数对应垂直方向。如果第二个参数未提供，则默认值为 0
translateX(<length>)	表示在 x 轴（水平方向）上实现平移。参数 length 表示移动的距离
translateY(<length>)	表示在 y 轴（垂直方向）上实现平移。参数 length 表示移动的距离
scaleX(<number>)	表示在 x 轴上进行缩放
scaleY(<number>)	表示在 y 轴上进行缩放
scale(<number>[[,<number>]]	表示进行 2D 缩放。第一个参数对应水平方向，第二个参数对应垂直方向。如果第二个参数未提供，则默认取第一个参数的值
skew(<angle>[,<angle>])	表示进行 2D 倾斜。第一个参数对应水平方向，第二个参数对应垂直方向。如果第二个参数未提供，则默认值为 0
skewX(<angle>)	表示在 x 轴上进行倾斜
skewY(<angle>)	表示在 y 轴上进行倾斜
rotate(<angle>)	表示进行 2D 旋转。参数 angle 用于指定旋转的角度
matrix(<number>,<number>,<number>,<number>,<number>,<number>)	表示一个基于矩阵变换的函数。它以一个包含六个值 (a,b,c,d,e,f) 的变换矩阵的形式指定一个 2D 变换，相当于直接应用一个 [a b c d e f] 变换矩阵。也就是基于 x 轴（水平方向）和 y 轴（垂直方向）重新定位标签，此属性值的使用涉及数学中的矩阵

说明　transform 属性支持一个或多个变换函数。也就是说，transform 属性可以实现平移、缩放、旋转和倾斜等组合的变换效果。不过，在为其指定多个属性值时不是使用逗号","进行分隔，而是使用空格进行分隔。

（3）举例：在 HTML 页面中，当鼠标指针停留在手机图片时，手机图片显示对应的变形效果，关键代码如下（案例位置：资源包\MR\第 7 章\示例\7-2）。

```
<style type="text/css">
    .cont{
        width:900px;
        height:900px;
        margin:0 auto;
        text-align:center;
    }
    img{
        width:150px;
        height:300px;
        padding-top:20px;
```

```
        }
        .cont .box{
            width:430px;
            height:430px;
            float:left;
            border:10px #FF8080 dashed;
            color:#804040;
            text-align:center;
        }
        .cont .box:hover .img1{
            transform:rotate(30deg);              /*顺时针旋转30度*/
        }
        .cont .box:hover .img2{
            transform:scaleX(2);                  /*在x轴上进行缩放*/
        }
        .cont .box:hover .img3{
            transform:translateX(60px);           /*在x轴上进行平移*/
        }
        .cont .box:hover .img4{
            transform:skew(3deg,30deg);           /*在x轴和y轴上进行倾斜*/
        }
    </style>
<body>
<div class="cont">
    <div class="box">
        <h2>旋转</h2>
        <img src="images/10-1.jpg" alt="img1" class="img1">
    </div>
    <div class="box">
        <h2>缩放</h2>
        <img src="images/10-1a.jpg" alt="img1" class="img2">
    </div>
    <div class="box">
        <h2>平移</h2>
        <img src="images/10-1b.jpg" alt="img1" class="img3">
    </div>
    <div class="box">
        <h2>倾斜</h2>
        <img src="images/10-1c.jpg" alt="img1" class="img4">
    </div>
</div>
```

页面效果如图 7-9 所示。

7.2.3 案例实现

【例 7-2】 鼠标指针经过商品时图片动画（案例位置：资源包\MR\第 7 章\源码\7-3）。

1. 页面结构简图

本案例中商品部分主要由四个定义列表组成，如图 7-10 所示。在每一个定义列表中，图片为<dt>标签中的内容，而文字为<dd>标签中的内容，其中每一行文字对应一个<p>标签，具体标签的嵌套方式如图 7-11 所示。

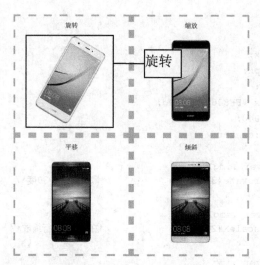

图 7-9　transform 的示例页面

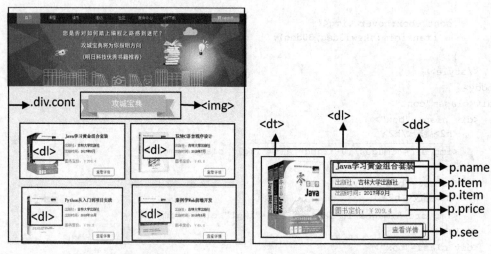

图 7-10　页面结构简图（1）　　　　　图 7-11　页面结构简图（2）

2. 代码实现

（1）新建 index.html 文件，在该文件中，写入网页标题，然后在<body>标签添加 HTML 代码，关键代码如下。

```
<div class="cont">
    <img src="img/title.png">
    <div class="book">
        <dl>
            <dt><img src="img/1.jpg"></dt>
            <dd>
                <h3 class="name">Java学习黄金组合套装</h3>
                <p class="item">
                    <span class="gray">出版社：</span><span>吉林大学出版社</span></p>
                <p class="item">
                    <span class="gray">出版时间：</span><span>2017年9月</span></p>
                <p class="price">
```

```html
            <span class="gray">图书定价: </span><span class="red">￥209.4</span></p>
        <p class="see">查看详情</p>
      </dd>
    </dl>
    <dl>
      <dt><img src="img/2.png"></dt>
      <dd>
        <h3 class="name">玩转C语言程序设计</h3>
        <p class="item">
          <span class="gray">出版社: </span><span>吉林大学出版社</span></p>
        <p class="item">
          <span class="gray">出版时间: </span><span>2018年7月</span></p>
        <p class="price">
          <span class="gray">图书定价: </span><span class="red">￥49.8</span></p>
        <p class="see">查看详情</p>
      </dd>
    </dl>
    <dl>
      <dt><img src="img/4.png"></dt>
      <dd>
        <h3 class="name">Python从入门到项目实践</h3>
        <p class="item">
          <span class="gray">出版社: </span><span>吉林大学出版社</span></p>
        <p class="item">
          <span class="gray">出版时间: </span><span>2018年10月</span></p>
        <p class="price">
          <span class="gray">图书定价: </span><span class="red">￥99.8</span></p>
        <p class="see">查看详情</p>
      </dd>
    </dl>
    <dl>
      <dt><img src="img/3.png"></dt>
      <dd>
        <h3 class="name">案例学Web前端开发</h3>
        <p class="item">
          <span class="gray">出版社: </span><span>吉林大学出版社</span></p>
        <p class="item">
          <span class="gray">出版时间: </span><span>2018年8月</span></p>
        <p class="price">
          <span class="gray">图书定价: </span><span class="red">￥49.8</span></p>
        <p class="see">查看详情</p>
      </dd>
    </dl>
  </div>
</div>
```

（2）新建 CSS 文件，在 CSS 文件中添加 CSS 代码，具体代码如下。

```css
*{                      /*清除页面中默认的内外间距*/
  margin: 0;
  padding: 0;
}
.cont{                    /*设置页面的整体样式*/
```

```
    width: 1050px;                      /*设置整体宽度*/
    height: 650px;
    padding-top: 340px;
    margin: 0 auto;                     /*设置外间距*/
    border: 1px solid #dbdbdb; /*设置边框*/
    text-align: center;
    background: url("../img/bg.jpg") no-repeat #f0f0f0;
}
dl{                                     /*设置定义列表样式*/
    width: 390px;
    height: 200px;
    float: left;                        /*设置浮动*/
    padding: 20px 35px;                 /*设置内间距*/
    background: #fff;
    margin: 15px;
}
dd,dt{                                  /*设置图片和文字的总样式*/
    float: left;                        /*设置浮动*/
}
dt img{                                 /*设置图片和文字的总样式*/
    margin-top: 15px;                   /*设置向上的外间距*/
    width: 135px;                       /*设置宽度*/
}
dt:hover img{                           /*设置鼠标指针停留在图片时的样式*/
    transform: translate(20px,0);  /*设置水平向左平移20像素*/
    transition: 1s ease all;  /*设置变换效果为逐渐过渡*/
}
dd{                                     /*设置文字的样式*/
    width: 220px;                       /*设置宽度*/
    margin-left: 30px;
    text-align: left;
}
.name{                                  /*设置图书名称样式*/
    margin: 23px auto 15px             /*设置文字外间距*/
}
.book{
    width: 980px;
    height: 400px;
    margin: 0 auto;
}
.gray{        /*设置文字颜色*/
    color: rgb(107, 109, 109);
}
.red{
    color: rgba(255,12,42,0.56);
    font-weight: bold;                 /*设置文字粗细*/
}
.item{
    height: 25px;
    font:normal 14px/25px "";    /*设置文字粗细 字号行高以及字体*/
}
```

```
.price{
    margin-top: 20px;
}
.see{
    float: right;
    text-align: center;
    width: 75px;
    padding: 7px 10px;
    border-radius: 5px;
    margin-top: 20px;
    border: 1px solid #0c79b1;
    color: #0c79b1;
}
```

（3）编写完 CSS 代码后，返回 index.html 文件，在 index.html 文件中引入 CSS 文件，代码如下。

```
<link href="css/css.css" type="text/css" rel="stylesheet">
```

（4）代码编写完成后，在谷歌浏览器中运行本案例，具体运行效果如图 7-8 所示。

7.2.4 动手试一试

通过学习本案例，读者应该学会使用 CSS3 中 transform 属性的方法，变换属性可以使页面的布局效果更加丰富多彩。读者可以尝试实现商品列表中鼠标指针滑过商品图片时，商品图片向左平移的效果，具体如图 7-12 所示（案例位置：资源包\MR\第 7 章\动手试一试\7-2）。

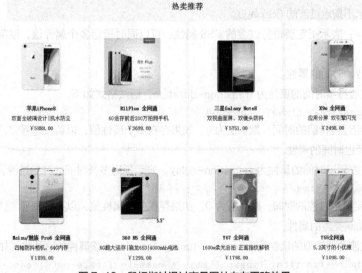

图 7-12　鼠标指针滑过商品图片向左平移效果

7.3 【案例 3】为导航菜单添加动画特效

7.3.1 案例描述

本案例实现了一个导航菜单的动画效果。具体效果如图 7-13 所示，当鼠标指针停留在某一个导航项上时，该项导航菜单就会逐渐下拉直至完全显示，当鼠标指针离开该导航项时，其子菜单又会逐渐收起，这里就运用了过渡效果。下面将对其进行详细讲解。

图 7-13　为导航添加动画特效

7.3.2　技术准备

过渡（transition）

CSS3 提供了用于实现过渡效果的 transition 属性，该属性可以用于设置 HTML 标签的某个属性发生改变时所经历的时间，并且以平滑渐变的方式发生改变，从而形成动画效果。本节将逐一介绍 transition 的属性。

（1）指定参与过渡的属性。

CSS3 中指定参与过渡的属性为 transition-property，语法格式如下。

```
transition-property：all | none | <property>[ <property> ]
```

❑ all：默认值，表示所有可以进行过渡的 CSS 属性。

❑ none：表示不指定过渡的 CSS 属性。

❑ <property>：表示指定要进行过渡的 CSS 属性；可以同时指定多个属性值，以英文逗号"，"进行分隔。

（2）指定过渡持续时间的属性。

CSS3 中指定过渡持续时间的属性为 transition-duration，语法格式如下。

```
transition-duration: <time>[ ,<time> ]
```

<time>用于指定过渡持续的时间，默认值为 0，如果存在多个属性值，以英文逗号"，"进行分隔。

（3）指定过渡延迟时间的属性。

CSS3 中指定过渡延迟时间的属性为 transition-delay，表示延迟多长时间才开始过渡，语法格式如下。

```
transition-delay: <time>[ ,<time> ]
```

<time>用于指定延迟过渡的时间，默认值为 0，如果存在多个属性值，以英文逗号"，"进行分隔。

（4）指定过渡动画类型的属性。

CSS3 中指定过渡动画类型的属性为 transition-timing-function，该属性的语法格式如下。

```
transition-timing-function: linear | ease | ease-in | ease-out | ease-in-out | cubic-
bezier(x1,y1,x2,y2)[,linear|ease|ease-in|ease-out|ease-in-out|cubic-bezier(x1,y1,x2,y2) ]
```

相关属性值及含义如表 7-2 所示。

表 7-2　transition-timing-function 属性的属性值及含义

属性值	含义
linear	线性过渡，也就是匀速过渡
ease	平滑过渡，过渡的速度会逐渐慢下来
ease-in	由慢到快，也就是逐渐加速

续表

属性值	含义
ease-out	由快到慢，也就是逐渐减速
ease-in-out	由慢到快再到慢，也就是先加速后减速
cubic-bezier(x1,y1,x2,y2)	特定的贝塞尔曲线类型。由于贝塞尔曲线比较复杂，所以此处不做过多描述

举例：利用 transition 属性实现彩色圆盘从左侧逐渐滚动到右侧的动画效果，具体代码如下（案例位置：资源包\MR\第 7 章\示例\7-3）。

```html
<!DOCTYPE html>
<html lang="en">
<head>
    <meta charset="UTF-8">
    <title>Title</title>
    <style type="text/css">
        .cont {
            width: 690px;
            height: 260px;
            margin: 0 auto;
            background: rgb(233, 180, 236);
        }
        img {
            padding: 30px;
            transition: 2s ease all;                /*设置所有属性参与过渡*/
        }
        .cont:hover img {
            transform-origin: center;                /*设置图片旋转点在其中心处*/
            transform: translate(400px, 0) rotate(360deg);     }      /*设置图片向右平移400
像素并且旋转360度*/

    </style>
</head>
<body>
<div class="cont"><img src="img.png" width="200"></div>
</body>
</html>
```

运行本实例时，页面初始效果如图 7-14 所示，当鼠标指针放置在粉色区域时，彩色圆盘会逐渐向右滚动，如图 7-15 所示；彩色圆盘向右平移 400px 后停止滚动，如图 7-16 所示；当鼠标指针离开粉色区域时，圆盘会逐渐返回至图 7-14 所示的初始位置。

图 7-14　页面初始效果　　　　图 7-15　圆盘逐渐向右滚动　　　　图 7-16　圆盘最终位置

7.3.3 案例实现

【例 7-3 】 为导航菜单添加动画特效（案例位置：资源包\MR\第 7 章\源码\7-3 ）。

1. 页面结构简图

本案例主要通过无序列表嵌套实现。一级导航中从第 2 个导航项至第 7 个导航项中都嵌套了一个无序列表，并将 class 属性设置为 drop，具体页面结构如图 7-17 所示。

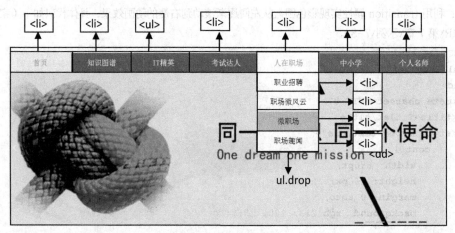

图 7-17 页面结构简图

2. 代码实现

（1）新建 index.html 文件，在该文件中修改网页标题，然后在<body>标签中添加 HTML 代码，关键代码如下。

```
<div class="cont">
    <ul>
        <li>首页</li>
        <li>知识图谱
            <ul class="drop">
                <li>IT高新技能</li>
                <li>公务员考试</li>
                <li>计算机二级</li>
                <li>考研一站通</li>
            </ul>
        </li>
        <li>IT精英
            <ul class="drop">
                <li>前端开发</li>
                <li>Java开发</li>
                <li>测试与维护</li>
                <li>算法分析</li>
            </ul>
        </li>
<!--此处省略其余雷同代码-->
    </ul>
</div>
```

（2）新建 CSS 文件，在 CSS 文件中添加 CSS 代码，具体代码如下。

```css
.cont{                        /*设置页面的整体样式*/
    margin: 20px auto;        /*设置整体外间距*/
    width: 1190px;            /*设置整体宽度*/
    height: 450px;
    background: url("../img/bg.png");
}
.cont>ul{                     /*设置一级导航无序列表的整体样式*/
    width: 1190px;            /*设置宽度*/
    height: 50px;             /*设置高度*/
    background: #777;         /*设置背景颜色*/
    color: #fff;              /*设置文字颜色*/
}
.cont>ul>li{                  /*设置一级导航列表项的样式*/
    width: 170px;             /*设置导航项的宽度*/
    height:50px;
    overflow: hidden;
    transition: 0.5s ease height;
    float: left;              /*设置浮动方式*/
    line-height: 50px;        /*设置行高*/
    text-align: center;       /*设置文字对齐方式*/
    list-style: none;         /*清除列表项的默认样式*/
    font-size: 20px;          /*设置字体大小*/
    position: relative;       /*设置定位方式*/
}
.cont>ul>li:hover{            /*设置鼠标指针放置在一级列表项上的样式*/
    background: #fff;         /*设置背景颜色*/
    color: rgb(28,178,156);   /*设置文字颜色*/
    height:250px;
}
.cont>ul>li:hover ul{        /*设置鼠标指针放置在二级列表项上的样式*/
    display: block;           /*设置二级列表项在页面中显示*/
}
.cont>ul>:first-child{        /*设置一级导航栏中第一个列表项的样式*/
    background: #eee;         /*设置背景颜色*/
    color: rgb(28,178,156);   /*设置文字颜色*/
}
.cont>ul>:first-child:hover{  /*设置一级导航栏中第一个列表项的样式*/
    height: 50px;
}
.cont>ul>:last-child:hover{   /*设置一级导航栏中第一个列表项的样式*/
    height: 200px;
}
.cont>ul>li>ul{               /*设置二级导航栏的样式*/
    display: none;
    list-style: none;         /*清除页面中的列表项样式*/
    color: #000;              /*设置文字颜色*/
    position: absolute;       /*设置定位方式*/
    top: 50px;                /*设置垂直距离*/
    left: 0;                  /*设置水平距离*/
}
```

```
.cont>ul>li>ul>li{                    /*设置二级导航栏中列表项的样式*/
    padding:0 35px;                   /*设置内间距*/
    background: #fff;                 /*设置背景颜色*/
    clear: both;                      /*清除二级导航栏中列表项的浮动*/
    color: #000;                      /*设置文字颜色*/
}
.cont>ul>li>ul>li:hover{              /*鼠标指针放置在二级导航栏列表项上时的样式*/
    background: #c0ff00;              /*设置背景颜色*/
}
```

（3）编写完 CSS 代码后，返回 index.html 文件，在 index.html 文件中引入 CSS 文件，代码如下。

```
<link href="css/css.css" type="text/css" rel="stylesheet">
```

（4）代码编写完成后，在谷歌浏览器中运行本案例，具体运行效果如图 7-13 所示。

7.3.4 动手试一试

通过对本案例的学习，读者应该学会使用 CSS3 中的 transition 属性。CSS3 的 transition 属性能够为元素的变化提供更平滑、细腻的效果。学完本节，请读者尝试实现图 7-18 所示页面效果（案例位置：资源包\MR\第 7 章\动手试一试\7-3）。

图 7-18　鼠标指针停留在图片上时，图片放大

7.4　【案例 4】CSS3 实现网页轮播图

7.4.1　案例描述

轮播图是网页中比较常见的一部分，而 CSS3 可以制作出精美的轮播图动画，图 7-19 就是使用 CSS3 制作的轮播图动画，图中，每过一段时间，图片会自动向左滑动切换。下面具体讲解 CSS3 动画的 animation 属性。

【案例 4】CSS3 实现网页轮播图

图 7-19　轮播图动画页面

7.4.2　技术准备

使用 CSS3 实现轮播图动画效果需要两个过程，分别是定义关键帧和引用关键帧，下面将对其进行具体讲解。

1. 关键帧

在实现 animation 动画时，需要先定义关键帧，定义关键帧的语法格式如下。

```
@keyframes name { <keyframes-blocks> };
```

❏ name：定义一个动画名称，该动画名称被 animation-name 属性（指定动画名称属性）所使用。

❏ <keyframes-blocks>：定义动画在不同时间段的样式规则。该属性值包括以下两种定义方式。

第一种方式为使用关键字 from 和 to 来定义关键帧的位置，实现从一个状态过渡到另一个状态，语法格式如下。

```
from{
    属性1:属性值1;
    属性2:属性值2;
    ...
    属性n:属性值n;
}
to{
    属性1:属性值1;
    属性2:属性值2;
    ...
    属性n:属性值n;
}
```

例如，定义一个名称为 opacityAnim 的关键帧，用于实现将对象从完全透明过渡到完全不透明的动画效果，可以使用下面的代码。

```
@-webkit-keyframes opacityAnim{
    from{opacity:0;}
    to{opacity:1;}
}
```

第二种方式为使用百分比来定义关键帧的位置，实现通过百分比来指定过渡的各个状态，语法格式如下。

```
百分比1{
    属性1:属性值1;
    属性2:属性值2;
    ...
    属性n:属性值n;
}
...
百分比n{
    属性1:属性值1;
    属性2:属性值2;
    ...
    属性n:属性值n;
}
```

例如，定义一个名称为 complexAnim 的关键帧，用于实现将对象从完全透明过渡到完全不透明，再逐渐收缩到 80%，最后再从完全不透明过渡到完全透明的动画效果，可以使用下面的代码。

```
@-webkit-keyframes complexAnim{
    0%{opacity:0;}
    20%{opacity:1;}
    50%{-webkit-transform:scale(0.8);}
    80%{opacity:1;}
    100%{opacity:0;}
}
```

在指定百分比时，一定要加"%"，例如，0%、50%和100%等。

2. 动画属性

要实现 animation 动画，在定义了关键帧以后，还需要使用动画相关属性来执行关键帧的变化。CSS 为 animation 动画提供了如表 7-3 所示的 9 个属性。

表 7-3　animation 动画的属性

属性	属性值	说明
animation	复合属性，以下属性的值的综合	用于指定对象所应用的动画特效
animation-name	name	指定对象所应用的动画名称
animation-duration	time+单位 s（秒）	指定对象动画的持续时间
animation-timing-function	其属性值与 transition-timing-function 属性值相关	指定对象动画的过渡类型
animation-delay	time+单位 s（秒）	指定对象动画延迟的时间
animation-iteration-count	number 或 infinite（无限循环）	指定对象动画的循环次数
animation-direction	normal（默认值，表示正常方向）或 alternate（表示正常方向与反方向交替）	指定对象动画在循环中是否反向运动
animation-play-state	running（默认值，表示运动）或 paused（表示暂停）	指定对象动画的状态
animation-fill-mode	none：不设置动画之外的状态，默认值；forwards：设置对象状态为动画结束时的状态；backwards：设置对象状态为动画开始时的状态；both：设置对象状态为动画结束或开始的状态	指定对象动画时间之外的状态

我们在设置动画属性时，可以将多个动画属性值写在一行里，例如下面的代码。

```
.mr-in{
  animation-name: lun;
  animation-duration: 10s;
  animation-timing-function: linear;
  animation-direction: normal;
  animation-iteration-count: infinite;
}
```

上面的代码设置了动画属性中的动画名称、动画持续时间、动画速度曲线、动画运动方向以及动画播放次数，如果将这些属性写在一起，代码如下所示。

```
.mr-in{
  animation: lun 10s linear normal infinite;
  }
```

7.4.3 案例实现

【例 7-4】 CSS3 实现网页轮播图（案例位置：资源包\MR\第 7 章\源码\7-4）。

1. 页面结构简图

本案例中主要有两个嵌套的<div>标签，外层<div>标签隐藏溢出的图片，内层<div>标签中含有 5 张并排显示的图片，然后通过改变内层<div>标签的位置实现轮播图动画，具体的页面结构如图 7-20 所示。

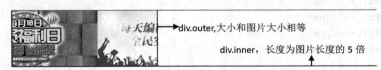

图 7-20　页面结构简图

2. 代码实现

（1）新建 index.html 文件，在该文件的<title>标签中设置网页标题，然后在<body>标签中添加图片等内容，关键代码如下。

```html
<div class="outer">
    <div class="inner">
        <img src="img/pic1.jpg" alt="" class="img">
        <img src="img/pic2.jpg" alt="" class="img">
        <img src="img/pic3.jpg" alt="" class="img">
        <img src="img/pic4.jpg" alt="" class="img">
        <img src="img/pic1.jpg" alt="" class="img">
    </div>
</div>
```

（2）新建 style.css 文件，然后在该文件中添加 CSS 代码，设置动画效果，具体代码如下。

```css
* {
    padding: 0;
    margin: 0
}
.img {                    /*设置图片的大小*/
    width: 740px;
    height: 300px;
    display: block;
    float:left;
}
.outer {                          /*设置外层容器的大小以及溢出部分的显示方式为隐藏*/
    margin: 20px auto;
    overflow: hidden;
    width: 740px;
    height: 300px;
    position: relative;
}
.inner {                          /*设置内层容器的大小位置以及动画*/
    width: 3700px;
    height: 300px;
    position: absolute;
    left: 0;
```

127

```
    top: 0;
    animation: move 10s ease normal infinite;
}
@keyframes move {                          /*自定义动画*/
    12% {left: 0px}
    25% {left: -740px}
    37% {left: -740px}
    50% {left: -1480px}
    62% {left: -1480px}
    75% {left: -2220px}
    82% {left: -2220px}
    100% {left: -2960px}
}
```

（3）返回 index.html 文件，在该文件中引入 CSS 文件路径，代码如下。

```
<link href="css/style.css" type="text/css" rel="stylesheet">
```

（4）代码编写完成后，在谷歌浏览器中运行本实例，具体运行效果如图 7-19 所示。

7.4.4　动手试一试

通过对本案例的学习，读者应进一步掌握如何使用 CSS3 在网页中实现动画效果的知识，下面请读者尝试制作网页中文字向上滚动显示的最新动态页面，如图 7-21 所示（案例位置：资源包\MR\第 7 章\动手试一试\7-4）。

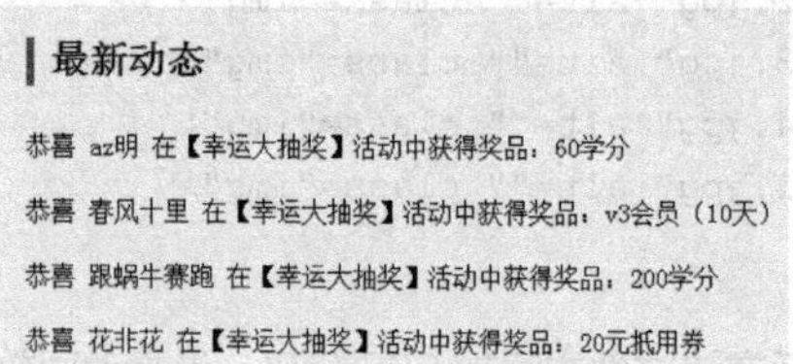

| 最新动态

恭喜　az明　在【幸运大抽奖】活动中获得奖品：60学分

恭喜　春风十里　在【幸运大抽奖】活动中获得奖品：v3会员（10天）

恭喜　跟蜗牛赛跑　在【幸运大抽奖】活动中获得奖品：200学分

恭喜　花非花　在【幸运大抽奖】活动中获得奖品：20元抵用券

图 7-21　滚动显示的最新动态

小　结

本章主要讲解了如何使用 CSS3 对网页进行布局以及在网页中添加动画。float 与 display 是较为常见的用于网页布局的属性，而动画也是网页中不可缺少的元素。想要熟练掌握本章内容，读者还需要多多练习。

习　题

7-1　CSS3 中 display 属性的作用是什么？

7-2　float 属性的属性值有哪些？含义分别是什么？

7-3　写出为元素添加多个变形效果的代码（仅写出添加变形效果的关键代码）。

7-4　用于设置过渡效果的属性是什么，其属性值有哪些？

7-5　应用 transform 属性的什么函数可以实现缩放效果？

第8章

JavaScript编程应用

本章主要介绍 JavaScript 基础知识以及 jQuery 的基础应用。JavaScript 已经被广泛应用于网页开发，通常被用来为网页添加各种各样的动态功能，为用户提供更美观的浏览效果。本章主要通过 4 个案例介绍 JavaScript 基础知识以及 jQuery 的使用方法。jQuery 是如今比较常用的 JavaScript 框架，使用 jQuery 可以大大提高程序员的编程效率。

本章要点

- 掌握JavaScript变量、函数等基础概念
- 熟悉JavaScript中的控制语句
- 理解JavaScript文档对象
- 了解jQuery以及jQuery中常用的方法
- 运用JavaScript实现一些简单的功能

8.1 【案例1】实现将课程分类

【案例1】实现将
课程分类

8.1.1 案例描述

本案例实现了一个在线课程分类显示的效果，如图8-1所示。一般在线学习网站中，
课程类目比较多，所以会分成一级类目和二级类目，例如网页制作是一级类目，它的具体分类为二级类目。在
本案例中，用户将鼠标指针移动到一级类目上时，页面将显示相应二级类目的内容；鼠标指针移开后，将隐藏
该二级类目的内容。下面通过案例1讲解 JavaScript 语言基础方面的知识内容。

图 8-1 在线课程分类页面

8.1.2 技术准备

1. 标识符、关键字、常量和变量

（1）标识符。

标识符（identifier）就是一个名称。在 JavaScript 中，标识符被用来命名变量和函数，或者被用作 JavaScript
代码中某些循环的标签。JavaScript 的标识符命名规则和 Java 以及其他许多语言的命名规则相同，第一个字
符必须是字母、下画线（_）或美元符号（$），其后的字符可以是字母、数字或下画线、美元符号。

例如，下面是合法的标识符。

```
i
my_name
_name
$str
n1
```

（2）关键字。

JavaScript 关键字（Keyword）是指在 JavaScript 语言中有特定含义的，能成为 JavaScript 语法一部分
的那些字。JavaScript 关键字是不能作为变量名和函数名使用的，否则会使 JavaScript 在载入过程中出现编译
错误。JavaScript 中不能被用作标识符（函数名、变量名等）的关键字，如表8-1所示。

表 8-1 JavaScript 中不能被用作标识符（函数名、变量等）的关键字

abstract	continue	finally	instanceof	private	this
boolean	default	float	int	public	throw
break	do	for	interface	return	typeof
byte	double	function	long	short	true
case	else	goto	native	static	var

续表

catch	extends	implements	new	super	void
char	false	import	null	switch	while
class	final	in	package	synchronized	with

（3）常量。

当程序运行时，值不能改变的量为常量（Constant）。常量主要用于为程序提供固定的和精确的值（包括数值和字符串）。数字、逻辑值真（true）、逻辑值假（false）等都是常量。我们使用 const 来声明常量。

语法格式如下。

```
const
    常量名：数据类型=值；
```

常量在程序中被定义后便会在计算机中存储下来，在该程序结束之前，它的值是不发生变化的。如果在程序中过多地使用常量，会降低程序的可读性和可维护性。当一个常量在程序内被多次引用时，我们可以考虑在程序开始处将它设置为变量，然后再引用；当此值需要修改时，则只需更改其变量的值就可以了，这样既可以减少出错的机会，又可以提高工作效率。

（4）变量。

变量是指程序中一个已经命名的存储单元，它的主要作用就是为数据操作提供存放信息的容器。对于变量的使用我们首先必须明确变量的命名规则、变量的声明方法及其变量的作用域。

❑ 变量的命名。

JavaScript 变量的命名规则如下。

- 必须以字母或下画线开头，其后可以是数字、字母或下画线。
- 变量名不能包含空格或加号、减号等符号。
- 不能使用 JavaScript 中的关键字。
- JavaScript 的变量名是严格区分大小写的。例如，UserName 与 username 代表两个不同的变量。

 说明

虽然 JavaScript 的变量在符合命名规则的前提下可以任意命名，但是在进行编程的时候，最好还是使用便于记忆且有意义的变量名称，以增加程序的可读性

❑ 变量的声明与赋值。

在 JavaScript 中，使用变量前需要先声明变量，所有的 JavaScript 变量都由关键字 var 声明，语法格式如下。

```
var variable;
```
在声明变量的同时也可以对变量进行赋值。

```
var variable=11;
```
声明变量时所遵循的规则如下。

- 可以使用一个关键字 var 同时声明多个变量。

```
var a,b,c                //同时声明a、b和c3个变量
```
- 可以在声明变量的同时对其赋值，即为初始化。

```
var i=1;j=2;k=3;         //同时声明i、j和k3个变量，并分别对其进行初始化
```
- 如果只是声明了变量，并未对其赋值，则其值缺省为 undefined。

var 语句可以用作 for 循环和 for/in 循环的一部分，这样就使循环变量的声明成为循环语法自身的一部分，使用起来比较方便。

var 语句也可以多次声明同一个变量，如果重复声明的变量已经有一个初始值，那么此时的声明就相当于对变量进行重新赋值。

当给一个尚未声明的变量赋值时，JavaScript 会自动用该变量名创建一个全局变量。在一个函数内部，通常创建的只是一个仅在函数内部起作用的局部变量，而不是一个全局变量。要创建一个局部变量，不是赋值给一个已经存在的局部变量，而是必须使用 var 语句进行变量声明。

另外，由于 JavaScript 采用弱类型的形式，因此读者可以不必理会变量的数据类型，即可以把任意类型的数据赋值给变量。

例如：声明一些变量，代码如下。

```
var varible=100                    //数值类型
var str="有一条路，走过了总会想起"      //字符串
var bue=true                       //布尔类型
```

在 JavaScript 中，变量可以不先声明，在使用时，根据变量的实际作用来确定其所属的数据类型即可。但是建议在使用变量前就对其声明，因为声明变量的最大好处就是能及时发现代码中的错误。由于 JavaScript 是采用动态编译的，而动态编译是不易于发现代码中的错误的，特别是变量命名方面的错误。

2. 函数

函数实质上就是可以作为一个逻辑单元的一组 JavaScript 代码。使用函数可以让代码更为简洁，提高重用性。在 JavaScript 中，大约 95%的代码都是包含在函数中的。

（1）函数的定义。

在 JavaScript 中，函数是由关键字 function、函数名加一组参数以及置于大括号中需要执行的一段代码定义的。

定义函数的基本语法如下。

```
function functionName([parameter 1, parameter 2,……]){
statements;
[return expression;]
}
```

语法解释。

- functionName：必选，用于指定函数名。在同一个页面中，函数名必须是唯一的，并且区分大小写。
- parameter：可选，用于指定参数列表。当使用多个参数时，参数间使用英文逗号进行分隔，一个函数最多可以有 255 个参数。
- statements：必选，是函数体，用于实现函数功能的语句。
- expression：可选，用于返回函数值。expression 可以是表达式、变量或常量。

（2）函数的调用。

函数被定义后并不会自动执行，要执行一个函数需要在特定的位置调用该函数。调用函数需要创建调用语句，调用语句要包含函数名称、参数具体值。函数的定义语句通常被放在 HTML 文件的<head>标签中，而函数的调用语句通常被放在<body>标签中；如果在函数定义之前调用函数，执行将会出错。

函数的定义及调用语法如下。

```
<html>
<head>
<script type="text/javascript">
function functionName(parameters){        //定义函数
    some statements;
}
</script>
</head>
```

```
<body>
    functionName(parameters);              //调用函数
</body>
</html>
```

语法解释。

❑ functionName：函数的名称。

❑ parameters：参数名称。

8.1.3 案例实现

【例 8-1】 实现课程分类页面（案例位置：资源包\MR\第 8 章\源码\8-1）。

1. 页面结构简图

本案例主要由无序列表和定义列表实现，其中横向导航栏和侧边导航栏都是由无序列表实现，而右侧课程内容由定义列表实现。实现本实例需要设置所有定义列表为隐藏，然后通过 JavaScript 实现当鼠标指针停留在侧边导航栏上时，显示对应的具体内容，具体页面结构如图 8-2 所示。

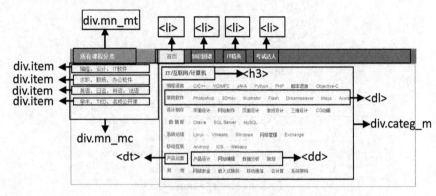

图 8-2　页面结构简图

2. 代码实现

（1）新建 index.html 文件，在该文件中添加网页标题，并添加网页内容，部分代码如下。

```
<div class="mainNav mb20 bc">
    <div class="wrapper">
        <div class="inner">
            <div class="mn_sort">
                <div class="mn_mt"><a href="#">所有课程分类</a></div>
<!--添加左侧课程分类,此处省略部分雷同代码-->
                <div class="mn_mc" style="display:block;">
                    <div class="item">
                        <div class="i_hd">
                            <span class="i_hd_tit">
                                <a href="#" onmouseover="mouseOver(this)"
                                onmouseout= "mouseOut(this)">编程</a>、
                                <a href="#" onmouseover="mouseOver(this)"
                                onmouseout= "mouseOut(this)"
                                    style="color:#1ab177">设计</a>、
                                <a href="#" onmouseover="mouseOver(this)"
                                onmouseout= "mouseOut(this)">IT软件</a>
```

```
                                        </span>
                             </div>
                             <div class="i_bd" style="display: block;">
                                 <!-- =S categ_m -->
                                 <div class="categ_m">
                                     <h3><a href="#">IT/互联网/计算机</a></h3>
                                     <dl>
                                         <dt><a href="#">编程语言</a></dt>
                                         <dd>
                                             <a href="#">C/C++</a>
                                             <a href="#">VC/MFC</a>
                                             <a href="#">JAVA</a>
                                             <a href="#">Python</a>
                                             <a href="#">PHP</a>
                                             <a href="#">脚本语言</a>
                                             <a href="#">Objective-C</a>
                                         </dd>
                                     </dl>
                                     <dl>
                                         <dt>
                                             <a href="#">常用软件</a>
                                         <dd>
                                             <a href="#">Photoshop</a>
                                             <a href="#">3Dmax</a>
                                             <a href="#">Illustrator</a>
                                             <a href="#">Flash</a>
                                             <a href="#">Dreamweaver</a>
                                             <a href="#">Maya</a>
                                             <a href="#">Axure</a>
                                         </dd>
                                     </dl>
                                 </div>
                             </div>
                         </div>
                     </div>
                 </div>
<!--添加上面的横向导航-->
             <ul class="mn_menu fl clearfix">
                 <li><a href="#" class="here">首页</a></li>
                 <li><a href="#" target="_blank">知识图谱</a></li>
                 <li><a href="#" target="_blank">IT精英</a></li>
                 <li><a href="#" target="_blank">考试达人</a></li>
             </ul>
         </div>
     </div>
</div>
```

（2）新建 CSS 文件，在 CSS 文件中设置网页的布局等样式。关键代码如下。

```
.categ_m h3 {      /*右侧课程内容标题样式*/
    font: 700 14px/20px 'simsun';
    padding-bottom: 10px;
```

```
    padding-top: 14px;
    border-bottom: 1px solid #eee;
}
.categ_m dl {      /*每一条课程信息样式*/
    clear: both;
    border-bottom: 1px solid #eee;
}
.categ_m dt {
    float: left;
    width: 53px;
    height: 32px;
    overflow: hidden;
    text-align: right;
    margin-right: 15px;
}
.categ_m dd {
    float: left;
    width: 512px;
}
.categ_m dt a {
    padding: 2px 0 0 0;
    color: #1ab177;
}
.categ_m dd a {
    float: left;
    padding: 0 10px;
    margin: 9px 0;
    border-left: 1px solid #eee;
    line-height: 14px;
}
```

（3）新建 JavaScript 文件。其创建方法与创建 CSS 文件方法类似。方法为选择 "new" → "JavaScript File" 命令，然后键入文件名称，最后单击 "OK" 按钮进入新建的 JavaScript 文件页面，在该页面编写代码，具体代码如下。

```
//鼠标指针停留在元素上时
function mouseOver(obj){
    var menu =document.getElementsByClassName("i_bd");  //寻找该事件子节点（二级类目）
    menu[0].style.display='block';              //设置子节点显示
}
//鼠标指针离开元素时
function mouseOut(obj){
    var menu =document.getElementsByClassName("i_bd");  //寻找该事件子节点（二级类目）
    menu[0].style.display='none';               //设置子节点隐藏
}
```

（4）编写完代码后，返回 HTML 文件，在该文件的<head>标签中，分别引入 CSS 文件和 JavaScript 文件，具体代码如下。

```
<link href="css/style.css" type="text/css" rel="stylesheet">
<script type="text/javascript" src="js/js.js"></script>
```

（5）代码编写完成后，在谷歌浏览器中运行本实例，具体运行效果如图 8-1 所示。

8.1.4 动手试一试

通过本案例的学习，读者应该对 JavaScript 语言基础有了一定的了解。学完本节内容，请读者尝试实现对登录表单的用户名和密码进行不为空验证，具体实现效果如图 8-3 所示（案例位置：资源包\MR\第 8 章\动手试一试\8-1）。

图 8-3 对用户名和密码进行不为空验证

8.2 【案例 2】个性化的智能搜索

【案例 2】个性化的智能搜索

8.2.1 案例描述

在线学习网站中，一般都会有课程搜索的功能。当用户单击搜索文本框时，热门搜索等内容会自动显示出来，方便用户快速寻找课程。本案例将实现这样的页面效果，运行本实例，页面效果如图 8-4 所示。单击文本框，页面中展示"热门搜索"的课程分类，单击某项编程语言，文本框中的内容会自动变成用户所单击的内容，如图 8-5 所示；然后单击文本框后面的"搜索"按钮，热门搜索列表隐藏，显示如图 8-6 所示的页面。

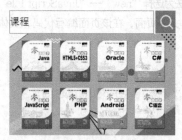  

图 8-4 CSS3 布局的页面效果图　　图 8-5 CSS3 布局的页面效果图　　图 8-6 CSS3 布局的页面效果

8.2.2 技术准备

1. if 语句

if 条件判断语句是最基本、最常用的流程控制语句，可以根据条件表达式的值执行相应的处理。if 语句的语法格式如下。

```
if(expression){
    statement 1
}else{
```

```
    statement 2
}
```

语法解释。

❑ expression：必选项，用于指定条件表达式，可以使用逻辑运算符。

❑ statement 1：用于指定要执行的语句序列。当 expression 的值为 true 时，执行该语句序列。

❑ statement 2：用于指定要执行的语句序列。当 expression 的值为 false 时，执行该语句序列。

if...else 条件判断语句的部分执行流程如图 8-7 所示。

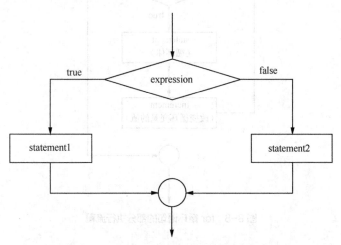

图 8-7　if...else 条件判断语句的部分执行流程

上述 if 语句是典型的二路分支结构。其中 else 部分可以省略，而且 statement 1 为单一语句时，其两边的大括号也可以省略。

2. For 语句

for 循环语句也称为计次循环语句，一般用于循环次数已知的情况，在 JavaScript 中应用比较广泛，for 循环语句的语法格式如下。

```
for(initialize;test;increment){
    statement
}
```

语法解释。

❑ initialize：初始化语句，用来对循环变量进行初始化赋值。

❑ test：循环条件，一个包含比较运算符的表达式，用来限定循环变量的边限。如果循环变量超过了该边限，则停止该循环语句的执行。

❑ increment：用来指定循环变量的步幅。

❑ statement：用来指定循环体，在循环条件的结果为 true 时，重复执行。

for 循环语句执行的过程是：先执行初始化语句，然后判断循环条件，如果循环条件的结果为 true，则执行一次循环体，否则直接退出循环，最后执行迭代语句，改变循环变量的值，至此完成一次循环；接下来将进行下一次循环，直到循环条件的结果为 false，才结束循环。

for 循环语句的部分执行流程如图 8-8 所示。

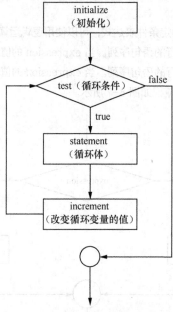

图 8-8　for 循环语句的部分执行流程

8.2.3　案例实现

【例 8-2】　实现个性化的智能搜索页面（案例位置：资源包\MR\第 8 章\源码\8-2）。

1. 页面结构简图

本案例中"热门搜索"由无序列表实现，具体页面结构如图 8-9 所示。而正在搜索的动画则是通过设置 <div>标签实现的，具体页面结构如图 8-10 所示。

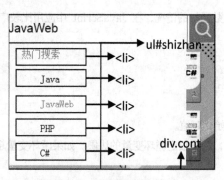

图 8-9　页面结构简图（1）

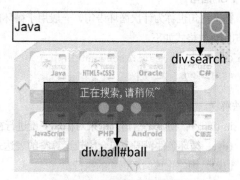

图 8-10　页面结构简图（2）

2. 代码实现

（1）新建 index.html 文件，在该文件中添加网页的标题，然后在该网页中添加相关标签，文字以及图片，关键代码如下。

```
<div class="cont">
    <div class="search">
        <input type="text" id="txt" value="课程" onclick="show1()" >
```

```
            <input type="image" name="button" src="img/search.png" onClick="hide1()">
        </div>
        <ul id="shizhan">
            <li>热门搜索</li>
            <li>Java</li>
            <li>JavaWeb</li>
            <li>PHP</li>
            <li>C#</li>
        </ul>
        <div id="img">
            <img src="img/bg.png" alt="" width="349">
        </div>
        <div class="ball" id="ball">
            <p>正在搜索,请稍后~</p>
            <div class="ball1"></div>
            <div class="ball2"></div>
            <div class="ball3"></div>
        </div>
    </div>
</div>
```

（2）新建 css.css 文件，并编写 CSS 代码，关键代码如下。

```css
.cont {                                 /*设置页面的整体样式*/
    margin: 20px auto;
    width: 355px;
    position: relative;                 /*设置定位方式*/
}
[type="text"] {                         /*设置文本框的样式*/
    height: 45px;                       /*设置文本框大小*/
    width: 300px;
    font-size: 20px;                    /*设置字体大小*/
    border: 1px solid rgb(73, 175, 79); /*设置边框*/
}
#shizhan {                              /*设置无序列表的样式*/
    width: 300px;
    background: #fff;                   /*设置背景色为白色*/
    display: none;                      /*设置显示方式*/
}
#shizhan li {                           /*设置列表项的具体样式*/
    list-style: none;                   /*清除列表的默认样式*/
    line-height: 40px;                  /*设置行高*/
    height: 40px;                       /*设置每一个列表项的高度*/
    padding-left: 55px;                 /*设置列表项的内间距*/
}
.ball {                                 /*设置动画盒子的整体样式*/
    width: 240px;                       /*设置整体大小*/
    height: 63px;
    margin:60px auto 0;
    text-align: center;                 /*设置对齐方式*/
    color: #fff;                        /*设置文字颜色*/
    display: none;                      /*设置显示方式*/
    background: rgba(0, 0, 0, 0.5) ;    /*设置背景颜色*/
}
```

```css
.ball > div {                                /*设置动画中三个小球的样式*/
    width: 18px;                             /*设置大小*/
    height: 18px;
    background: #1abc9c;                     /*设置背景颜色*/
    border-radius: 100%;                     /*设置圆角边框*/
    display: inline-block;                   /*设置其显示方式*/
    animation: move 1.4s infinite ease-in-out both; /*添加动画*/
}
.ball .ball1 {                               /*设置第一个小球的动画延迟*/
    animation-delay: 0.16s;
}
.ball .ball2 {                               /*设置第二个小球的动画延迟*/
    animation-delay: 0.32s;
}
@keyframes move { /*创建动画*/
    0% {         transform: scale(0)    }
    40% {        transform: scale(1.0)  }
    100% {       transform: scale(0)    }
}
```

（3）新建 JavaScript 文件，在 JavaScript 文件中实现，单击热门搜索时，文本框自动填充内容，以及单击搜索按钮时显示动画的功能，具体代码如下。

```javascript
function show1(){          //当单击文本框时所调用的函数
    var source=document.getElementById("shizhan");//获取列表项
    source.style.display="block";//将列表的显示方式设为显示
    for(var i=1;i<6;i++){
     var child1=source.getElementsByTagName("li")[i];//通过循环语句获取列表中的所有列表项
       child1.onclick=function(){//当单击某个列表项时调用的函数
    document.getElementById("txt").value=this.innerHTML;//将这个列表项的内容复制给文本框
       }
    }
}
function hide1(){                                        //当单击图片按钮时，调用的函数
    var source=document.getElementById("shizhan");      //获取列表
    var img=document.getElementById("img");             //获取图片
    source.style.display="none";                        //将列表设为隐藏
    img.style.opacity=0.3;                              //给图片添加透明度
    document.getElementById("ball").style.display="block"//将动画设为显示
}
```

（4）返回 index.html 文件，在 index.html 文件中引入 CSS 文件和 JavaScript 文件，代码如下。

```html
<link href="css/css.css" type="text/css" rel="stylesheet">
<script type="text/javascript" src="js/js.js"></script>
```

（5）代码编写完成后，在谷歌浏览器中运行本实例，具体运行效果如图 8-4 所示。

8.2.4 动手试一试

通过本案例的学习，读者应了解 JavaScript 中 if 条件语句和 for 循环语句的使用场景和方法。在实际的开发环境中，这两种控制语句使用得非常频繁。学完本节，读者可以尝试实现网页中的全选与全不选功能，具体实现效果如图 8-11 所示（案例位置：资源包\MR\第 8 章\动手试一试\8-2）。

商品信息查看				
选择	所属类别	商品名称	会员价	数量
☑	手机	P_L音乐手机	1980	200
☑	玻璃制品	迷你水杯	49	500
☑	音响	CX0音响	2070	200
☑	休闲装	休闲上衣	195	500
☑ 〔全选/全不选〕				

图 8-11　全选与全不选功能效果图

8.3　【案例 3】使用 jQuery 实现轮播图广告

【案例 3】使用 jQuery
实现轮播图广告

8.3.1　案例描述

　　本案例将实现一个轮播图广告的动画效果，如图 8-12 所示。本案例可通过定时切换图片、左右按钮切换图片以及单击下方小圆圈切换图片这三种方式实现。HTML5 中实现动画轮播的方法有很多，这里将使用一种非常简便的 JavaScript 框架：jQuery 框架。jQuery 框架是在实际开发中经常用到的 JavaScript 工具，方便实用，下面将对其进行详细讲解。

图 8-12　百度传课主页的轮播图页面

8.3.2　技术准备

1. 认识 jQuery 框架

　　jQuery 是一个轻量级的 JavaScript 框架，它提供一种渐变的 JavaScript 设计模式，可优化 HTML5 文档操作，改变用户编写 JavaScript 代码的方式。

　　jQuery 功能很强大，它能够帮助用户方便、快速地完成下面的任务。

　　（1）精确选择页面对象。

　　jQuery 提供了可靠而富有效率的选择器，只需要一个 CSS 选择器字符串，即可准确获取需要检查或操纵的文档元素。

　　（2）进行可靠的 CSS 样式控制。

　　使用 JavaScript 控制 CSS 受限于浏览器的兼容性，而 jQuery 可以弥补这一不足，它提供了跨浏览器的标准解决方案。

　　（3）支持网页特效。

　　jQuery 内置了一批淡入、擦除和移动之类的效果，以及制作新效果的工具包，用户只需要简单地调用动画函数，就可以快速设计出高级动画页面。如果直接用 JavaScript 来实现，动画效果会很生硬，或者很粗糙。

2. 使用 jQuery 框架

jQuery 框架包括 jQuery Core（核心库）、jQuery UI（界面库）和 Sizzle（CSS 选择器）等部分，下面讲解它的具体使用方法。

（1）下载 jQuery。

访问 jQuery 官方网站，下载 jQuery 库文件，在网站首页单击 "Download jQuery v3.3.1" 图标，即可下载，如图 8-13 所示。

图 8-13　jQuery 框架的官网主页

单击 "Download the compressed, production jQuery 3.3.1"，则可以下载代码压缩版本，如图 8-14 所示。

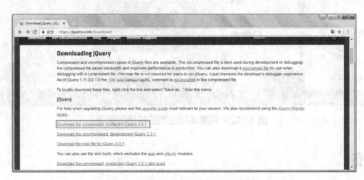

图 8-14　jQuery 框架的下载页

（2）安装 jQuery。

jQuery 库不需要复杂的安装，只需要把下载的库文件放到站点中，然后导入页面中即可，例如。

```
<!DOCTYPE html>
<html lang="en">
<head>
    <meta charset="UTF-8">
    <title>安装jQuery</title>
    <script type="text/javascript" src="js/jquery-3.2.1.min.js"></script>
    <script>
    //在这里用户就可以使用jQuery进行编程了。
    </script>
</head>
<body>
</body>
</html>
```

（3）测试 jQuery。

引入 jQuery 库文件之后，我们就可以在页面中进行 jQuery 测试了。测试的步骤非常简单，在导入 jQuery 库文件的<script>标签行下面，使用<script>标签重新定义一个 JavaScript 代码段，然后在该<script>标签内调用 jQuery 方法，编写 JavaScript 脚本即可。

```html
<!DOCTYPE html>
<html lang="en">
<head>
    <meta charset="UTF-8">
    <title>测试jQuery</title>
    <script type="text/javascript" src="js/jquery-3.2.1.min.js"></script>
    <script>
        $(function(){
            alert("Hi,您好！")
        })
    </script>
</head>
<body>
</body>
</html>
```

在浏览器中打开该网页文件，则可以看到在当前窗口中会弹出一个提示对话框，如图 8-15 所示。

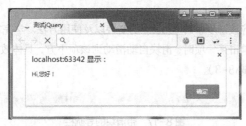

图 8-15　jQuery 框架的测试页面

8.3.3　案例实现

【例 8-3】　使用 jQuery 实现轮播图广告，实现方法如下（案例位置：资源包\MR\第 8 章\源码\8-3）。

1. 页面结构简图

本案例中使用了 jQuery 插件，所以在实现本案例时，只需在本案例中添加无序列表，然后在无序列表的列表项中添加轮播图片即可，并且可以根据自己的需要为图片添加超链接，具体页面结构如图 8-16 所示。

图 8-16　页面结构简图

2. 代码实现

（1）新建 index.html 文件，在该文件中添加网页标题然后引入相关 CSS 文件以及相关 jquery 文件，然后在网页中添加图片和切换按钮，部分代码如下。

```
<div class="book_mr_right">
    <div class="book-rotaion">
        <ul class="rotaion_list">
            <li><a href="#"><img src="img/size1.jpg" alt="C语言入门一步到位"></a></li>
            <li><a href="#"><img src="img/size2.jpg" alt="抢先学习，拿行业高新"></a></li>
            <li><a href="#"><img src="img/size3.jpg" alt="玩好编程才能用好编程"></a></li>
            <li><a href="#"><img src="img/size4.jpg" alt="零基础学总有一款适合你"></a></li>
            <li><a href="#"><img src="img/size5.jpg" alt="速查速用，程序员查询宝典"></a></li>
        </ul>
    </div>
</div>
```

（2）引入文件后，还需要在 index.html 文件中设置文件加载完成后，立即播放动画，具体代码如下。

```
<script type="text/javascript">
    $(".book-rotaion").book_rotaion({auto: true});
</script>
```

（3）代码编写完成后，在谷歌浏览器中运行本实例，具体运行效果如图 8-12 所示。

8.3.4 动手试一试

通过本案例的学习，读者应该初步了解 jQuery 的安装以及使用方法。学完本章，读者可尝试使用 jQuery 实现带小滑块的导航栏，并且单击某一项时，滑块自动滑动到该项下方，具体效果如图 8-17 所示（案例位置：资源包\MR\第 8 章\动手试一试\8-3）。

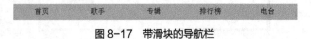

图 8-17　带滑块的导航栏

8.4 【案例 4】让用户为你建言献策

【案例 4】让用户为你建言献策

8.4.1 案例描述

让用户为你建言献策，实际上是希望获取用户的建议。本案例便实现了类似留言板的功能。打开本页面如图 8-18 所示，当用户在标题栏输入的字数不在 4~30 的范围内，单击"发表"按钮时，标题栏后面会弹出对应的提示信息，如图 8-19 所示。本案例将通过 JavaScript 来实现验证信息的功能，同时会讲解 HTML5 中非常重要的 document 对象。

图 8-18　用户反馈页面图　　　　　图 8-19　验证用户输入的长度

8.4.2 技术准备

document 对象

document（文档）对象代表浏览器窗口中的文档，该对象是 window 对象的子对象，由于 window 对象是文档对象模型（Document Object Model，DOM）中的默认对象，因此 window 对象中的方法和子对象不需要使用 window 来引用。通过 document 对象可以访问 HTML 文档中包含的任何 HTML 标签并可以动态地改变 HTML 标签中的内容，例如表单、图像、表格和超链接标签等。该对象在 JavaScript 1.0 中就已经存在，在随后的版本中又增加了几个属性和方法。

（1）document 对象的常用属性。

document 对象常用的属性及描述如表 8-2 所示。

表 8-2　document 对象常用的属性及描述

属性	描述
A linkColor	链接文字的颜色，对应<body>标签中的 alink 属性
all[]	存储 HTML 对象的一个数组（该属性本身也是一个对象）
anchors[]	存储锚点的一个数组（该属性本身也是一个对象）
bgColor	文档的背景颜色，对应<body>标签中的 bgcolor 属性
cookie	表示 cookie 的值
fgColor	文档的文本颜色（不包含超链接的文字）对应<body>标签中的 text 属性值
forms[]	存储窗体对象的一个数组（该属性本身也是一个对象）
fileCreatedDate	创建文档的日期
fileModifiedDate	文档最后修改的日期
fileSize	当前文件的大小
lastModified	文档最后修改的时间
images[]	存储图像对象的一个数组（该属性本身也是一个对象）
linkColor	未被访问的链接文字的颜色，对应于<body>标签中的 link 属性
links[]	存储 link 对象的一个数组（该属性本身也是一个对象）
vlinkColor	表示已访问的链接文字的颜色，对应于<body>标签的 vlink 属性
title	当前文档标题对象
body	当前文档主体对象
readyState	获取某个对象的当前状态
URL	获取或设置 URL

（2）document 对象的常用方法。

document 对象的常用方法及其说明如表 8-3 所示。

表 8-3　document 对象方法及说明

方法	说明
close	文档的输出流
open	打开一个文档输出流并接收 write 和 writeln 方法的创建页面内容
write	向文档中写入 HTML 或 JavaScript 语句
writeln	向文档中写入 HTML 或 JavaScript 语句，并以换行符结束
createElement	创建一个 HTML 标签
getElementById	获取指定 ID 的 HTML 标签

（3）document 对象的常用事件。

多数浏览器内部对象都拥有很多事件，下面将以表格的形式列出常用的事件及"何时触发"这些事件，如表 8-4 所示。

表 8-4　JavaScript 的常用事件

事件	何时触发
onabort	对象载入被中断时触发
onblur	元素或窗口本身失去焦点时触发
onchange	改变<select>标签中的选项或其他表单元素失去焦点，并且在其获取焦点后内容发生过改变时触发
onclick	单击鼠标左键时触发。当光标的焦点在按钮上，并按下回车键时，也会触发该事件
ondblclick	双击鼠标左键时触发
onerror	出现错误时触发
onfocus	任何元素或窗口本身获得焦点时触发
onkeydown	键盘上的按键（包括 Shift 或 Alt 等键）被按下时触发，如果一直按着某键，则会不断触发；当返回 false 时，取消默认动作
onkeypress	键盘上的按键（不包括 Shift 或 Alt 等键）被按下，并产生一个字符时触发，如果一直按着某键，会不断触发；当返回 false 时，取消默认动作
onkeyup	释放键盘上的按键时触发
onload	页面完全载入后，在 window 对象上触发；所有框架都载入后，在框架集上触发；<img>标签指定的图像完全载入后，在其上触发；或<object>标签指定的对象完全载入后，在其上触发
onmousedown	单击任何一个鼠标按键时触发
onmousemove	鼠标指针在某个元素上移动时持续触发
onmouseout	将鼠标指针从指定的元素上移开时触发
onmouseover	鼠标指针移到某个元素上时触发
onmouseup	释放任意一个鼠标按键时触发

续表

事件	何时触发
onreset	单击重置按钮时，在\<form\>标签触发
onresize	窗口或框架的大小发生改变时触发
onscroll	在任何带滚动条的元素或窗口上滚动时触发
onselect	选中文本时触发
onsubmit	单击"提交"按钮时，在\<form\>标签触发
onunload	页面完全卸载后，在 window 对象上触发；或者所有框架都卸载后，在框架集上触发

8.4.3 案例实现

【例 8-4】 实现用户反馈页面（案例位置：资源包\MR\第 8 章\源码\8-4）。

1. 页面结构简图

本案例的页面主要由四部分实现，分别是 1 个\<h3\>标签和 3 个\<div\>标签，页面结构如图 8-20 所示；类名为 content 的\<div\>标签中放置主要内容，其页面结构如图 8-21 所示。

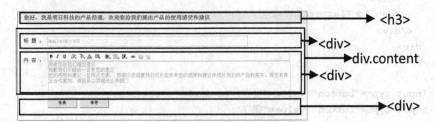

图 8-20　页面结构简图（1）

图 8-21　页面结构简图（2）

2. 代码实现

（1）新建 index.html 文件，在该文件中引入 CSS 文件以及 JavaScript 文件，并添加文本框等内容，具体代码如下。

```
<!DOCTYPE html>
<html lang="en">
<head>
    <meta charset="UTF-8">
    <title>意见反馈</title>
    <link href="css/css.css" type="text/css" rel="stylesheet">
```

```
        <script type="text/javascript" src="js/js.js"></script>
    </head>
    <body>
    <div class="cont">
        <h3>您好，我是明日科技的产品经理，欢迎您给我们提出产品的使用感受和建议</h3>
        <div class="content">
            <div>
                <p>标题：</p>
                <input type="text" placeholder="请输入4~30个字符" id="input">
                <span id="title">请输入4~30个字符</span>
            </div>
            <div>
                <p>内容：</p>
                <div>
                    <img src="img/edit.png" alt="">
                    <div class="typein">
                        <textarea id="type"></textarea>
                        <div onclick="typeIn()">感谢您给我们提出建议<br/>抱歉我们不能逐一回复您的意见
<br>您的感受和建议一旦再次发表，
                即表示您同意我们可无偿参考您的感受和建议来优化我们的产品和服务。若您有商业合作意向，请联
系公司相关业务部门</div>
                    </div>
                    <span id="letternum">请输入10~10000个字符</span>
                </div>
            </div>
        </div>
        <div>
            <input type="button" value="发表" onclick="checkTitle()">
            <input type="button" value="保存">
        </div>
    </div>
    </body>
    </html>
```

（2）新建 CSS 文件，并且命名为 css.css，然后在该文件中编写 CSS 代码设置页面样式，关键代码如下。

```
.cont {                          /*设置页面总体样式*/
    margin: 20px auto;           /*设置总体外间距*/
    width: 975px;                /*设置页面整体的宽度*/
    height: 360px;               /*设置页面整体高度*/
    border: 1px solid #f00;      /*设置页面的边框*/
}
h3{                              /*设置页面中标题的样式 */
    padding: 10px 20px;          /*设置标题的内间距*/
    color: rgb(57,85,153);       /*设置标题文字的文字颜色*/
    background: rgb(231,241,251); /*设置标题的背景颜色*/
}
.content>div>p{                  /*设置提示文字的样式*/
    margin-left: 20px;           /*设置向左的外间距*/
    width: 80px;                 /*设置宽度*/
    line-height: 30px;           /*设置行高*/
    float: left;                 /*设置浮动方式*/
    letter-spacing: 10px;        /*设置文字间的水平间距*/
```

```
    }
    .content>div>input[type="text"]{/*设置单行文本框的样式*/
        width: 670px;                  /*设置单行文本框的宽度*/
        height: 30px;                  /*设置单行文本框的高度*/
    }
    .content>:last-child>div>div{
        height: 100px;                 /*设置宽度*/
        width: 815px;                  /*设置高度*/
        color: #999;                   /*设置文字颜色*/
        margin: -2px 102px;            /*设置外间距*/
        border: 1px solid #AEBDCC;/*设置边框*/
    }
    .content span{                     /*设置提示文字的间距*/
        font-size: 12px;               /*设置字体大小*/
        color: #f00;                   /*设置文字颜色*/
        display: none;                 /*将文字设置为隐藏*/
    }
    .typein{                           /*设置文本域部分的样式*/
        position: relative;            /*清除页面中默认的内外间距*/
    }
    textarea{                          /*设置文本域的样式*/
        position: absolute;            /*设置定位方式*/
        width: 815px;                  /*设置宽度*/
        height: 100px;                 /*设置高度*/
        display: none;                 /*将文本域设置为隐藏*/
    }
    .cont>:last-child{                 /*设置按钮部分的整体样式*/
        margin: 20px 100px;            /*设置外间距*/
    }
    input[type="button"]{             /*设置按钮的样式*/
        background: rgb(211,230,245);/*添加背景颜色*/
        width: 100px;                  /*设置宽度*/
        height: 35px;                  /*设置高度*/
    }
```

（3）新建 JavaScript 文件，并且命名为 js.js，然后编写 JavaScript 代码，具体代码如下。

```
function checkTitle() {
    var title1 = document.getElementById("input").value;//获取单行文本框
    var declare = document.getElementById("type").value;//获取文本域
    if ((title1.length < 4) || (title1.length > 30)) {//判断文本框中的内容长度是否符合要求
        document.getElementById("title").style.display ="inline";//如果不符合，弹出提示语句
        return false
    }
    if((declare.length< 10)||(declare.length>10000)) {//判断文本域中内容和长度是否符合要求
        document.getElementById("letternum").style.display = "block";        return false
    }
}
function typeIn() {
    document.getElementById("type").style.display = "block";//当单击页面中的版权声明时，将文
本域设为显示
    document.getElementById("type").focus()                    //设置文本域获取焦点
}
```

149

（4）代码编写完成后，在谷歌浏览器中运行本实例，具体效果如图 8-18 和图 8-19 所示。

8.4.4　动手试一试

通过本案例的学习，读者应理解 HTML5 中 Document 对象的功能和使用方法。学完本节，请读者尝试实现动态录入会员信息功能，具体实现效果如图 8-22 所示（案例位置：资源包\MR\第 8 章\动手试一试\8-4）。

图 8-22　动态录入会员信息

小 结

本章通过讲解在线教育网站中常见的 4 种功能网页，来学习 JavaScript 语言基础。学完本章，读者应掌握 JavaScript 的基本知识，并且能够运用 JavaScript 实现轮播图动画等简单功能。

习 题

8-1　简单描述 JavaScript 的特点。

8-2　如何在 HTML5 编写的文件中嵌入 JavaScript 脚本？

8-3　if 语句和 for 语句的作用是什么？

8-4　jQuery 框架是什么？它有什么作用？

8-5　简述 JavaScript 中变量的命名规则。

第9章

JavaScript事件处理

在上一章中，我们已经对 JavaScript 语言有了初步的认识，可以婴儿学话般地说出 "hello world"；本章我们将继续学习 JavaScript 的重要语法结构——事件处理，正如学习 "英语会话 300 句" 一样，可以进行简单的会话。下面我们将对事件处理进行具体讲解。

本章要点

- 熟练运用两种方式调用事件处理程序
- 理解事件流和事件对象
- 掌握常用的事件类型并合理运用
- 简单运用jQuery框架
- 了解如何注册和移除事件监听器

9.1 【案例1】实现抽奖页面

【案例1】实现抽奖
页面

9.1.1 案例描述

本案例使用 JavaScript 技术实现了手机号码抽奖页面。当用户按下键盘上的 Enter
（回车）键时，页面会显示随机的手机号码，再次按下任意非 Enter 键，停止号码滚动，此时页面中会显示
一个固定的手机号码，具体如图 9-1 所示。这种效果主要是利用 JavaScript 技术中的键盘事件处理来实现
的，下面将对其进行详细讲解。

图 9-1　手机号码抽奖页面

9.1.2 技术准备

事件是一些可以通过脚本响应的页面动作。当用户按下鼠标键或者提交一个表单，甚至在页面上移动鼠标
指针时，事件就会发生。事件处理是一段 JavaScript 代码，总是与页面中的特定部分以及一定的事件相关联。
当与页面特定部分关联的事件发生时，事件处理器就会被调用。

绝大多数事件的名称都是描述性的，很容易被理解。例如 click、submit、mouseover 等，通过名称就可
以猜测其含义。但也有少数事件的名称不易理解，例如 blur（英文的字面意思为"模糊"），表示一个域或者一
个表单失去焦点。通常，事件处理器的命名原则是，在事件名称前加上前缀 on。例如，对于 click 事件，其事
件处理器名为 onClick。

1. 事件处理程序在 JavaScript 中的调用

在 JavaScript 中调用事件处理程序，首先需要编写要处理对象的引用语句，然后将要执行的处理函数赋值
给对应的事件，例如下面的代码。

```
<input id="save" name="bt_save" type="button" value="保存">
<script language="javascript">
    var b_save=document.getElementById("save");
    b_save.onclick=function(){
        alert("单击了保存按钮");
    }
</script>
```

 说
明

在上面的代码中，一定要将<input id="save" name="bt_save" type="button" value="保存">放在
JavaScript 代码的上方，否则将弹出"'b_save'为空或不是对象"的错误提示。

上面的实例也可以通过以下代码来实现。

```
<form id="form1" name="form1" method="post" action="">
    <input id="save" name="bt_save" type="button" value="保存">
</form>
<script language="javascript">
    form1.save.onclick=function(){
        alert("单击了保存按钮");
    }
</script>
```

 说明 在 JavaScript 中指定事件处理程序时，事件名称必须小写，才能正确响应事件。

2. 事件处理程序在 HTML 中的调用

在 HTML 中调用事件处理程序，只需要在 HTML 标签中添加相应的事件，并在其中指定要执行的代码或是函数名即可，例如。

```
<input name="bt_save" type="button" value="保存" onclick="alert('单击了保存按钮');">
```

在页面中添加如上代码，同样会在页面中显示"保存"按钮，当单击该按钮时，将弹出"单击了保存按钮"对话框。

上面的实例也可以通过以下代码来实现。

```
<input name="bt_save" type="button" value="保存" onclick="clickFunction();">
<script>
    function clickFunction(){
        alert("单击了保存按钮");
    }
</script>
```

9.1.3 案例实现

【例 9-1】 实现手机号抽奖页面（案例位置：资源包\MR\第 9 章\源码\9-1）。

1. 页面结构简图

本页面中含有文本框<input>标签和<span>标签，其中<input>标签用于显示随机生成的手机号码，<span>标签用于提示用户该事件的操作方法，具体页面结构如图 9-2 所示。

图 9-2　页面结构简图

2. 代码实现

（1）新建 index.html 文件，在该文件中编辑网页标题，然后引入 CSS 文件并添加文本框以及提示性文字，最后在网页中添加<script>标签，在该标签中添加 JavaScript 代码，具体代码如下。

```
<!doctype html>
```

```html
<html>
<head>
    <meta charset="utf-8">
    <title>你的手机号码中奖了吗</title>
    <link type="text/css" rel="stylesheet" href="css/mr-style.css">
</head>
<body>
<div class="cont">
    <input type="text" disabled="disabled" id="mr-show"><br>
    <span>按下Enter键开始，任意键结束</span>
</div>
</body>
<script>
    var rand1;
    var startFlag=false;
    //随机显示手机号码
    function showTel(){
        phoneNum1=document.getElementById('mr-show');
        phoneNum1.value=randomPhoneNumber();
    }
    //按下键盘
    window.onkeydown=function(){
        //单击键盘任意键时，<Enter>键除外
        if(startFlag==false && event.keyCode==13){
            start();                //调用start()方法
            startFlag=true;
        }
        if(startFlag==true && event.keyCode!=13){
            stop();                 //调用stop()方法
            startFlag=false;
        }
    }
    //键盘事件停止
    function stop(){
        window.clearInterval(rand1);
    }
    //键盘事件启动
    function start(){
        rand1=self.setInterval(showTel,1);
        console.log(rand1);
    }
    // 根据字典生成随机序列
    var randomCode = function (len,dict) {
        for (var i = 0,rs = ''; i < len; i++)
            rs += dict.charAt(Math.floor(Math.random() * 100000000) % dict.length);
        return rs;
    };
    // 生成随机手机号码
    var randomPhoneNumber = function(){
        // 第1位是1 第2,3位是3458 第4-7位是* 最后四位随机
        return [1,randomCode(2,'3458'),'****',randomCode(4,'0123456789')].join('');
```

```
        };
    </script>
</html>
```

（2）新建 CSS 文件，并且命名为 mr-style.css，然后在该文件中添加 CSS 代码，具体代码如下。

```
.cont {             /*设置页面大小，背景图等样式*/
    width: 640px;
    height: 290px;
    margin: 20px auto;
    background: url(../images/bg1.jpg);
    text-align: center;
}
#mr-show {          /*设置文本框的样式*/
    margin-top: 100px;
    width: 260px;
    height: 62px;
    border-radius: 50px;
    background: #FF0;
    font-size: 36px;
    text-align: center;
}
span {              /*设置提示文字的样式*/
    color: #FFF;
    font-size: 30px;
}
```

（3）代码编写完成后，在谷歌浏览器中运行本实例，具体运行效果如图 9-1 所示。

9.1.4 动手试一试

通过本案例的学习，读者应了解并掌握 JavaScript 中键盘事件处理的方法和使用技巧。学完本节知识，请读者尝试制作一个网页版的幻灯片，即单击左侧导航窗格，右侧显示对应图片，同时上一张图片逐渐往上方移动并逐渐模糊，具体效果如图 9-3 所示（案例位置：资源包\MR\第 9 章\动手试一试\9-1）。

图 9-3　幻灯片效果

9.2 【案例 2】限时大抢购

9.2.1 案例描述

在现在的在线教育网站中，非常流行类似限时抢购的活动，本案例就实现这样的一个效果，具体如图 9-4 所示。在图书上方会显示该时间段的抢购倒计时，以及后面三场优惠活动的时间。下面将对其进行详细讲解。

图 9-4　限时抢购页面

9.2.2 技术准备

1. 事件流

DOM（文档对象模型）结构是一个树型结构，当一个 HTML 元素产生一个事件时，该事件会在元素节点与根节点之间的路径传播，路径所经过的节点都会收到该事件，这个传播过程称为 DOM 事件流。

2. 主流浏览器的事件处理模型

直到 DOM Level 3 规定后，主流浏览器才陆续支持 DOM 标准的事件处理模型——冒泡型事件与捕获型事件。

（1）冒泡型事件（Bubbling）：从 DOM 树型结构上理解，就是事件由子节点沿父节点一直向上传递直到根节点；从浏览器界面视图 HTML 元素排列层次上理解就是，事件由具有从属关系的最确定的目标元素一直传递到最不确定的目标元素。

（2）捕获型事件（Capturing）：它与冒泡型事件刚好相反，是由 DOM 树最顶层元素一直传递到最精确的元素。

目前除 IE 外，其他主流浏览器如 Firefox、Opera、Safari 都支持标准的 DOM 事件处理模型。IE 仍然使用自己的模型，即冒泡型。该模型的一部分被 DOM 采用，这点对于开发者来说也是有好处的。使用 DOM 标准和 IE 都共有的事件处理方式，才能有效地跨浏览器。

两个不同的事件处理模型都有其优点和缺点。DOM 标准的事件处理模型可以在一个 DOM 元素上绑定多个事件处理器，并且在处理函数内部，this 关键字仍然指向被绑定的 DOM 元素，处理函数参数列表的第一个位置传递事件 event 对象。

首先是捕获型事件，接着是冒泡型事件，所以，如果一个处理函数既注册了捕获型事件的监听器，又注册了冒泡型事件监听器，那么在 DOM 事件模型中它就会被调用两次。

3. 事件对象

在 IE 中事件对象是 window 对象的一个 event 属性，并且 event 属性只能在事件发生时被访问，所有事件处理完后，该属性就消失了。而标准的 DOM 规定 event 必须作为唯一的参数传给事件处理函数。故为了解决这个问题，通常采用下面的方法。

```
function someHandle(event) {
    if(window.event)
        event=window.event;
}
```

在 IE 中，事件的对象包含在 event 的 srcElement 属性中，而在支持标准的 DOM 的浏览器中，事件的对象包含在 target 属性中。为了处理浏览器的兼容性，通常采用下面的方法。

```
function handle(oEvent){
    if(window.event) oEvent = window.event;        //处理兼容性，获得事件对象
    var oTarget;
    if(oEvent.srcElement)                          //处理兼容性，获取事件目标
        oTarget = oEvent.srcElement;
    else
        oTarget = oEvent.target;
        alert(oTarget.tagName);                    //弹出目标的标记名称
}
window.onload = function(){
    var oImg = document.getElementsByTagName("img")[0];
    oImg.onclick = handle;
}
```

9.2.3 案例实现

【例 9-2】 实现限时大抢购页面的方法如下（案例位置：资源包\MR\第 9 章\源码\9-2）。

1. 页面结构简图

本案例中秒杀活动剩余时间的背景图形为平行四边形，是通过 CSS 在<div>标签中的左右两端添加两个三角形，从而拼接成平行四边形实现的。下面的商品部分则是通过<div>以及<p>等标签实现的，具体页面结构如图 9-5 和图 9-6 所示。

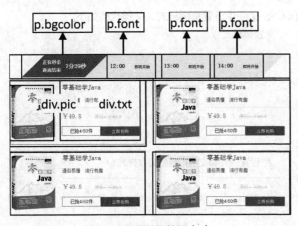

图 9-5　页面结构简图（1）

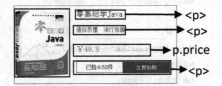

图 9-6　页面结构简图（2）

2. 代码实现

（1）新建 index.html 文件，在该文件中设置网页标题，然后引入 JavaScript 文件以及 CSS 文件，最后在页面中添加相关图片和文字等内容，关键代码如下。

```html
<!DOCTYPE html>
<html lang="en">
<head>
    <meta charset="UTF-8">
    <title>限时大抢购</title>
    <link href="css/css.css" type="text/css" rel="stylesheet">
</head>
<body>
<div class="cont">
    <div class="top">
        <p class="bgcolor"><span>正在秒杀距离结束</span><span id="time1"></span></p>
        <p class="font"><span id="time2"></span><span>即将开始</span></p>
        <p class="font"><span id="time3"></span><span>即将开始</span></p>
        <p class="font"><span id="time4"></span><span>即将开始</span></p>
    </div>
    <div class="bottom">
        <div class="item">
            <div class="pic"><img src="img/book.png" height="175px"></div>
            <div class="txt">
                <p>零基础学Java</p>
                <p>通俗易懂 流行有趣</p>
                <p class="price"><span>￥49.8</span><span>原价：￥69.8</span></p>
                <p><input type="button" value="已抢4/50件"><input type="button" value="立即
抢购"></p>
            </div>
        </div>
        <!--添加其余三个商品的图片以及文字等内容，代码如上面类似，故省略雷同代码-->
    </div>
</div>
<script type="text/javascript" src="js/js.js"></script>
</body>
</html>
```

（2）新建 CSS 文件，取名为 css.css，然后在 CSS 文件中设置页面样式，关键代码如下。

```css
.top {                                    /*顶部样式*/
    width: 810px;
    height: 70px;
    margin: 0 50px;
    position: relative;
    font:bolder 14px/70px "";
    background-color: #dedede;
}
.top > p {                                /*设置图片和文字内容的公共样式*/
    display: inline-block;
    width: 265px;
    height: 70px;
}
.bgcolor > :first-child {                  /*设置当前活动的提示文字样式*/
    margin: 10px 0px 10px 65px;
    width: 70px;
    line-height: 25px;
}
```

```
    .top>.font{                           /*设置第一场活动的样式*/
        width: 160px;
    }
    .font :last-child{                    /*设置其余三场活动的样式*/
        margin: 20px 15px;                /*设置外间距*/
        height: 30px;                     /*设置高度*/
        padding: 0px 15px;                /*设置左右内间距*/
        border: 1px solid #fff;           /*设置边框*/
        border-radius: 20px;              /*设置圆角*/
        font:normal 12px/35px "";         /*设置文字样式*/
    }
    .item{                                /*设置商品信息样式*/
        width: 415px;                     /*设置页面的整体大小*/
        height: 200px;
        margin: 10px 15px;
        float: left;
        border: 1px solid #f00;           /*设置添加边框*/
        font-size: 20px;
    }
    .item>div{                            /*设置图片和文字内容的公共样式*/
        padding-top: 10px;                /*设置上间距*/
        float: left;                      /*设置浮动*/
    }
    .price>:last-child{                   /*设置原价样式*/
        color: #AEBDCC;                   /*设置文字颜色*/
        font-size: 14px;                  /*设置字号*/
        margin-left: 40px;                /*设置左间距*/
        text-decoration: line-through;    /*添加删除线*/
    }
```

（3）新建 JavaScript 文件，并且命名为 js.js，然后在该文件中添加 JavaScript 代码，具体代码如下。

```
var tim = new Date(); //创建事件对象
var hour1 = tim.getHours(); //获取当前时间的小时数
var min1 = tim.getMinutes(); //获取当前时间的分钟数
var sec1 = tim.getSeconds(); //获取当前时间的秒数
var maxtime = 3600 - min1 * 60 - sec1; //计算当前时间与下一个整点相差的秒数
function CountDown() {
    document.all.time2.innerHTML = (hour1 + 2) < 23 ? ((hour1 + 2) + ":00") : "0" + (hour1
- 22) + ":00";//下一场活动的时间
    document.all.time3.innerHTML = (hour1 + 3) < 23 ? ((hour1 + 3) + ":00") : "0" + (hour1
- 21) + ":00";//下下场活动的时间
    document.all.time4.innerHTML = (hour1 + 4) < 23 ? ((hour1 + 4) + ":00") : "0" + (hour1
- 20) + ":00";//最后一场活动的时间
    if (maxtime >= 0) {
        minutes = Math.floor((maxtime) / 60);//计算还剩多少分
        seconds = Math.floor(maxtime % 60);//计算还剩多少秒
        msg = minutes + "分" + seconds + "秒";
        document.all.time1.innerHTML = msg;
        if (maxtime == 5 * 60) alert('注意,还有5分钟!');
        --maxtime;
    }
    else {
```

```
            clearInterval(timer);
            alert("时间到,结束!");
        }
    }
    timer = setInterval("CountDown()", 1000);
    function handle(oEvent) {
        if (window.event) oEvent = window.event;        //处理兼容性,获得事件对象
        var oTarget;
        if (oEvent.srcElement)                          //处理兼容性,获取事件目标
            oTarget = oEvent.srcElement;
        else
            oTarget = oEvent.target;
        alert(oTarget.tagName);                         //弹出目标的标记名称
    }
    window.onload = function () {
        var oImg = document.getElementsByTagName("img")[0];
        oImg.onclick = handle;
    }
```

（4）代码编写完成后，在谷歌浏览器中运行本实例，具体运行效果如图9-4所示。

9.2.4 动手试一试

通过本案例的学习，读者应该了解并掌握 JavaScript 中事件流的基础知识和使用方法。学完本案例，请读者尝试实现电商网站中商品参数选择功能，具体效果如图 9-7 所示（案例位置：资源包\MR\第 9 章\动手试一试\9-2）。

图 9-7　商品参数选择功能

9.3　【案例 3】网页刮刮卡

9.3.1　案例描述

本案例中实现了一个网页刮刮卡的页面效果，如图 9-8 所示。当用户使用鼠标指针滑擦灰色区域时，会随机显示"恭喜你中奖了"或"谢谢惠顾"的文字，这种特效可以增加用户互动的趣味性。实现这样的特效主要利用了 JavaScript 中的鼠标事件，下面将对其进行详细讲解。

图 9-8　网页刮刮卡的页面

9.3.2　技术准备

1. 鼠标的单击事件

单击事件（onclick）是在鼠标单击时被触发的事件。单击是指鼠标指针停留在对象上，按下鼠标键，在没有移动鼠标指针的同时放开鼠标键的这一完整过程。

单击事件一般应用于 Button 对象、Checkbox 对象、Image 对象、Link 对象、Radio 对象、Reset 对象和 Submit 对象，其中 Button 对象一般只会用到 onclick 事件处理程序。Button 对象不能从用户那里得到任何信息，所以如果没有 onclick 事件处理程序，该按钮对象将不会有任何作用。

2. 鼠标的按下和松开事件

鼠标的按下和松开事件分别是 onmousedown 事件和 onmouseup 事件。其中，onmousedown 事件用于在鼠标键按下时触发事件处理程序，onmouseup 事件是在鼠标键松开时触发事件处理程序。在单击对象时，可以用这两个事件实现其动态效果。

3. 鼠标的移入和移出事件

鼠标的移入和移出事件分别是 onmouseover 事件和 onmousemove 事件。其中，onmouseover 事件在鼠标指针移动到对象上方时触发事件处理程序，onmousemove 事件在鼠标指针移出对象上方时触发事件处理程序。可以用这两个事件在指定的对象上移动指针，实现其对象的动态效果。

4. 鼠标的移动事件

鼠标的移动事件（onmousemove）是鼠标指针在页面上进行移动时触发事件处理程序，可以在该事件中用 document 对象实时读取鼠标指针在页面中的位置。

9.3.3　案例实现

【例 9-3】　实现网页刮刮卡页面方法如下（案例位置：资源包\MR\第 9 章\源码\9-3）。

1. 页面结构简图

本案例中网页刮刮卡效果是通过 HTML5 中的<canvas>标签实现的，为了保证刮刮卡在页面中间位置，在其外层设置<div>标签，具体页面结构如图 9-9 所示。

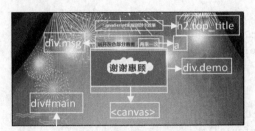

图 9-9　页面结构简图

2. 代码实现

（1）新建 index.html 文件，在该文件中引入 CSS 文件，然后添加页面画布等内容，并且添加 JavaScript 代码实现刮刮卡功能，具体代码如下。

```html
<!DOCTYPE html>
<html>
<head>
    <meta charset="utf-8">
    <title>网页刮刮卡</title>
    <link rel="stylesheet" type="text/css" href="css/mr-style.css"/>
</head>
<body style="background-image: url(images/bg.png)">
<div id="main">
    <h2 class="top_title">JavaScript实现刮刮卡效果</h2>
    <div class="msg">刮开灰色部分看看,<a href="javascript:void(0)" onClick="window.location.reload()">再来一次</a></div>
    <div class="demo">
        <!--引入刮刮乐画布-->
        <canvas></canvas>
    </div>
</div>
</body>
<script type="text/javascript">
    var img = new Image();
    var canvas = document.querySelector('canvas');
    canvas.style.backgroundColor = 'transparent';
    canvas.style.position = 'absolute';
    var imgs = ['images/p_0.jpg', 'images/p_1.jpg'];
    var num = Math.floor(Math.random() * 2);
    img.src = imgs[num];
    img.addEventListener('load', function (e) {
        var ctx;
        var w = img.width,
            h = img.height;
        var offsetX = canvas.offsetLeft,
            offsetY = canvas.offsetTop;
        var mousedown = false;
        //刮刮卡图层背景
        function layer(ctx) {
            ctx.fillStyle = 'gray';
            ctx.fillRect(0, 0, w, h);
        }
        //鼠标按下
        function eventDown(e) {
            e.preventDefault();
            mousedown = true;
        }
        //鼠标松开
        function eventUp(e) {
            e.preventDefault();
            mousedown = false;
```

```
        }
        //鼠标移动
        function eventMove(e) {
            e.preventDefault();
            if (mousedown) {
                if (e.changedTouches) {
                    e = e.changedTouches[e.changedTouches.length - 1];
                }
                var x = (e.clientX + document.body.scrollLeft || e.pageX) - offsetX || 0,
                    y = (e.clientY + document.body.scrollTop || e.pageY) - offsetY || 0;
                with (ctx) {
                    beginPath()
                    arc(x, y, 10, 0, Math.PI * 2);
                    fill();
                }
            }
        }
        canvas.width = w;
        canvas.height = h;
        canvas.style.backgroundImage = 'url(' + img.src + ')';
        ctx = canvas.getContext('2d');
        ctx.fillStyle = 'transparent';
        ctx.fillRect(0, 0, w, h);
        layer(ctx);
        ctx.globalCompositeOperation = 'destination-out';
        canvas.addEventListener('touchstart', eventDown);
        canvas.addEventListener('touchend', eventUp);
        canvas.addEventListener('touchmove', eventMove);
        canvas.addEventListener('mousedown', eventDown);
        canvas.addEventListener('mouseup', eventUp);
        canvas.addEventListener('mousemove', eventMove);
    });
</script>
</html>
```

（2）新建 CSS 文件，在 CSS 文件中添加 CSS 代码设置页面样式，具体代码如下。

```
#main {          /*设置页面整体大小，位置等样式*/
    width: 980px;
    margin: 30px auto 0 auto;
    border-radius: 5px;
    font-weight: bolder;
}
h2.top_title {      /*设置 "JavaScript实现刮刮卡效果" 文字样式*/
    text-align: center;
    margin: 4px 20px;
    padding: 15px 0 10px 20px;
    font-size: 18px;
    color: #fff;
}
a {                      /*设置超链接样式*/
    color: #f1f3f5;
    text-decoration: none;
```

```
        outline: none;
        font-weight: bolder;
    }
    a:hover {
        text-decoration: underline
    }
    .demo {          /*设置刮刮卡画布样式*/
        width: 320px;
        margin: 10px auto 20px auto;
        min-height: 300px;
    }
    .msg {           /*设置"刮开灰色部分看看，再试一次"的样式*/
        font-size: 20px;
        text-align: center;
        height: 32px;
        line-height: 32px;
        font-weight: bold;
        margin-top: 50px;
        color: #51555C;
    }
```

（3）代码编写完成后，在谷歌浏览器中运行本案例，运行效果如图 9-8 所示。

9.3.4 动手试一试

通过本案例的学习，读者应该更加了解 JavaScript 中鼠标事件的使用方法。学完本节，请读者尝试实现图 9-10 所示的放大图片局部内容的效果（案例位置：资源包\MR\第 9 章\动手试一试\9-3）。

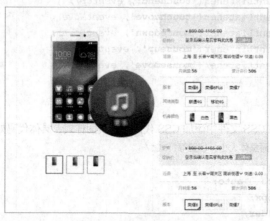

图 9-10　放大图片局部内容

9.4 【案例 4】模拟 12306 图片验证码

【案例 4】模拟 12306
图片验证码

9.4.1 案例描述

我们在购买火车票时，常常会使用 12306 的官方网站，如图 9-11 所示。12306 网站上的图片验证码非常灵活，作用是防止机器刷票。本案例将模拟实现 12306 网站图片验证码的效果，使用了前面学习过的 jQuery

知识，内容稍微有些复杂。下面我们将对该案例进行详细讲解。

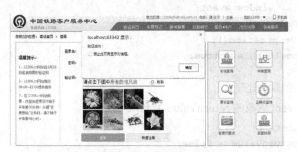

图 9-11   12306 网站图片验证码效果

9.4.2   技术准备

注册与移除事件监听器。

（1）IE 中注册多个事件监听器与移除监听器的方法。

IE 中 HTML 元素的 attachEvent 方法允许外界注册该元素多个事件监听器。

```
element.attachEvent ('onclick', observer);
```
如果要移除先前注册的事件的监听器，调用 element 的 detachEvent 方法即可，参数相同。

```
element.detachEvent('onclick', observer);
```
（2）DOM 标准下注册多个事件监听器与移除监听器的方法。

DOM 标准的浏览器与 IE 中注册元素事件监听器的方法不同，它通过元素的 addEventListener 方法注册，该方法既支持注册冒泡型事件，又支持捕获型事件。

```
element.addEventListener('click', observer, useCapture);
```
addEventListener 方法接受三个参数。第一个参数是事件名称，值得注意的是，这里事件名称与 IE 的不同，事件名称是没 "on" 开头的；第二个参数 observer 是回调处理函数；第三个参数注明该回调处理函数是在事件传递过程中的捕获阶段被调用还是冒泡阶段被调用，默认 true 为捕获阶段。

移除已注册的事件监听器调用 element 的 removeEventListener() 即可，参数不变。

```
element.removeEventListener('click', observer, useCapture);
```
（3）直接在 DOM 节点上加事件。

❑   取消浏览器事件的传递与事件传递后浏览器的默认处理。

取消事件传递是指，停止捕获型事件或冒泡型事件的进一步传递。例如在冒泡型事件传递中，body 停止事件传递后，位于上层的 document 的事件监听器就不再收到通知，不再被处理。

事件传递后的默认处理是指，通常浏览器在事件传递并处理完后会执行与该事件关联的默认动作（如果存在这样的动作）。

❑   取消浏览器的事件传递。

在 IE 中，通过设置 event 对象的 cancelBubble 为 true 即可。

```
function someHandle() {
    window.event.cancelBubble = true;
}
```
支持 DOM 标准的浏览器下，通过调用 event 对象的 stopPropagation() 即可。

```
function someHandle(event) {
    event.stopPropagation();
}
```
因此，跨浏览器的停止事件传递的方法是。

```
function someHandle(event) {
    event = event || window.event;
    if(event.stopPropagation)
        event.stopPropagation();
    else event.cancelBubble = true;
}
```

❑ 取消事件传递后的默认处理。

在 IE 中，通过设置 event 对象的 returnValue 为 false 即可。

```
function someHandle() {
    window.event.returnValue = false;
}
```

在支持 DOM 标准的浏览器中，通过调用 event 对象的 preventDefault()即可。

```
function someHandle(event) {
    event.preventDefault();
}
```

因此，跨浏览器的取消事件传递后的默认处理方法如下。

```
function someHandle(event) {
    event = event || window.event;
    if(event.preventDefault)
        event.preventDefault();
    else event.returnValue = false;
}
```

9.4.3 案例实现

【例 9-4】 实现 12306 网站图片验证码效果，实现方法如下（案例位置：资源包\MR\第 9 章\源码\9-4）。

1. 页面结构简图

本案例中，通过 JavaScript 添加一个<div>标签（类名为 codeContainer），然后在该<div>标签中添加<canvas>标签和<div>标签，其中<canvas>标签用于实现图片验证，而<div>标签用于存放刷新按钮，具体页面结构如图 9-12 所示。

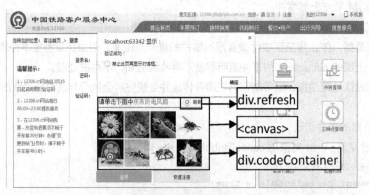

图 9-12　页面结构简图

2. 代码实现

（1）新建 index.html 文件，在该文件中修改网页标题，并且引入 jQuery 文件以及 code.js 文件，然后在该文件的<body>标签内按照从上到下的顺序编写页面内容，在<head>标签内通过<style>标签编写 CSS3 样式代码，最后在\<body\>结束标签前添加 JavaScript 代码。具体代码如下。

```html
<!DOCTYPE html>
<html lang="en">
<head>
    <meta charset="UTF-8">
    <title>模拟12306图片验证码</title>
    <style type="text/css">
        .verify{
            margin: 210px 0 0 245px;
        }
        body{
            background-image: url(bg.png);background-repeat: no-repeat;
        }
        .marker {
            position: absolute;
            width: 26px;
            height: 26px;
            background: url(images/marker.png) no-repeat;
        }
        .refresh {
            width: 53px;
            height: 22px;
            right: 3px;
            top: 0;
            cursor: pointer;
            position: absolute;
            background: url(images/refresh.png) no-repeat;
        }
    </style>
</head>
<body>
<button class="verify">验证</button>
<script type="text/javascript" src="js/code.js"></script>
<script type="text/javascript" src="js/jquery.min.js"></script>
<script type="text/javascript">
    $(document).ready(function () {
        Code.init();
        $(document).on("click", "#codeContainer canvas", function (event) {
            createInput(convertPoint($(this), event.pageX, event.pageY));
            createMarker(event.pageX, event.pageY);
        })
        $(".verify").on("click", function () {
            var code = [];
            $(".code-value").each(function () {
                code.push(JSON.parse($(this).val()));
            });
            Code.verify(code, reset);
        });
        $(".refresh").on("click", function () {
            Code.reload();
            reset();
```

```
        })
        function createInput(point) {
            $("<input />").attr({
                value: JSON.stringify(point),
                class: 'code-value'
            }).appendTo("body").hide();
        }
        function reset() {
            $(".code-value").remove();
            $(".marker").remove();
        }
        function createMarker(x, y) {
            $("<div />").attr({
                class: 'marker',
            }).css({
                left: x - 13,
                top: y - 13
            }).appendTo('body');
        }
        function convertPoint(elem, x, y) {
            var offset = elem.offset();
            return {
                x: x - offset.left,
                y: y - offset.top
            }
        }
    });
</script>
</body>
</html>
```

（2）新建 JavaScript 文件，使其名为 code.js，在该文件中编写 JavaScript 代码。在前面讲解的 jQuery 技术基础上，通过声明一个对象函数 Code，来控制页面上图片验证码的相关事件，关键代码如下。

```
(function(){
    var Code = (function(){
        var canvas,ctx,W,H,picWidth,gap,codeInfo,vCode = [],sources = {};
        var init = function(){
            W = 293;
            H = 190;
            L=260;
            var codeContainer = document.createElement("div");
            codeContainer.style.cssText=";width:"+W+"" +
                "px;height:"+H+"px;position:relative;"+";margin-left:"+L+"px";
            codeContainer.id = "codeContainer";
            canvas = document.createElement("canvas");
            ctx = canvas.getContext("2d");
            picWidth = 70;
            gap = 3;
            canvas.width = W;
            canvas.height = H;
            codeContainer.appendChild(canvas);
```

```
        document.body.appendChild(codeContainer);
        sources = [
            { "name" : "ant"   ,"title" : "蚂蚁" , "count" : 2},
            { "name" : "bee"   ,"title" : "蜜蜂" , "count" : 2},
            { "name" : "fan"   ,"title" : "电风扇" , "count" : 1},
            { "name" : "flower" ,"title" : "花儿" , "count" : 2},
            { "name" : "hopper" ,"title" : "蚂蚱" , "count" : 2}
        ];
        generateCode();
        createRefreshButton();
    }
    var generateCode = function(){
        clear();
        codeInfo = getTarget();
        var pics = getPics();
        drawTitle(codeInfo.title);
        particlePics(pics);
    }
    var createRefreshButton = function(){
        var d = document.createElement("div");
        d.className = 'refresh';
        canvas.parentNode.appendChild(d);
    }
    var drawTitle = function(name){
        var pre = "请单击下图中",middle = "所有的";
        ctx.fillStyle = "#000";
        ctx.font = "16px Arial";
        ctx.fillText(pre,2,16);
        ctx.fillStyle = "#f00";
        ctx.fillText(middle,textWidth(pre,16)+rand(1,3),16);
        ctx.fillStyle = randC();
        ctx.font = "20px Arial";
        ctx.fillText(name,textWidth(pre+middle,16)+rand(2,5),16);
        drawLine();
    }
    var drawLine = function(){
        ctx.beginPath();
        ctx.moveTo(0,25);
        ctx.lineTo(W,25);
        ctx.stroke();
    }
```

（3）代码编写完成后，在谷歌浏览器中运行本实例，具体运行结果如图 9-11 所示。

9.4.4　动手试一试

　　通过本案例的学习，读者应该更深入理解 jQuery 框架的使用方法。因为本案例涉及的知识点比较多，建议读者深入学习 jQuery 相关的知识。学完本节，请读者尝试使用 jQuery 实现五角星评分效果，具体实现效果如图 9-13 所示（案例位置：资源包\MR\第 9 章\动手试一试\9-4）。

五颗星评分

★★★★☆　您的评分：4 分　满意

图 9-13　五角星评分效果

小　结

　　本章主要讲解了事件的调用、事件流、鼠标事件以及如何注册与移除事件监听器等，学完本章，读者应该掌握如何调用注册事件。本章知识点较难理解，并且由于篇幅限制，并未深入讲解，所以需要读者在掌握 JavaScript 基础知识的同时，多通过网络或者书籍等渠道深入学习与本章相关的知识点。

习　题

9-1　调用事件的方法有几种？

9-2　JavaScript 中常见的事件有哪几类？

9-3　主流浏览器支持 DOM 标准的事件处理模型有哪几种？

9-4　常用的鼠标事件有哪些？

9-5　如何移除事件监听器？

第10章

手机响应式开发（上）

响应式网页设计是目前流行的一种网页设计形式，主要特色是页面内容能在不同设备（平板电脑、台式计算机或智能手机）上适应地展示出来，从而让用户在不同设备上都能够友好地浏览网页内容。本章将通过四个案例（课程列表、用户登录、移动客服和响应式视频），学习 HTML5 手机适配相关的内容。

本章要点

- 了解什么是响应式网页设计
- 理解常见的布局类型以及布局方式
- 熟悉媒体查询的使用方法
- 掌握响应式页面设计方法

10.1 【案例1】手机端展示图文列表

【案例1】手机端
展示图文列表

10.1.1 案例描述

在前面的学习中，我们已经带领大家制作了 PC 端的课程列表页面。但手机端的课
程列表页面又将如何实现呢？本案例中我们将实现一个手机端的课程列表页面。在这个页面中，展示内容包括
课程标题、课程缩略图、课时和学习次数等信息，如图 10-1 所示。这里，我们用到了一个较新的 CSS3 布局
技术——Flex 布局，下面将对其进行详细讲解。

图 10-1 手机端的课程列表页面

10.1.2 技术准备

网页布局（Layout）是 CSS 的一个重要应用。布局的传统解决方案，基于盒状模型，依赖 display 属性、
position 属性和 float 属性。2009 年，W3C 提出一种新的方案——Flex 布局，可以简便、完整、具有响应式
地实现各种页面布局。目前，它已经得到了所有浏览器的支持，这意味着，我们可以安全地使用这项功能。

1. Flex 布局

Flex 是 Flexible Box 的缩写，意为"弹性布局"，用来为盒状模型提供最佳的灵活性。任何一个容器都可
以指定为 Flex 布局。采用 Flex 布局的元素，称为 Flex 容器，简称"容器"。它的所有子元素自动成为容器成
员，称为 Flex 项目，简称"项目"。

2. Flex 容器常见属性

（1）flex-direction 属性。

flex-direction 属性决定主轴的方向（即项目的排列方向）。

语法格式。

```
.box {
  flex-direction: row | row-reverse | column | column-reverse;
}
```

语法解释。

- ❑ row（默认值）：主轴为水平方向，起点在左端。
- ❑ row-reverse：主轴为水平方向，起点在右端。
- ❑ column：主轴为垂直方向，起点在上沿。
- ❑ column-reverse：主轴为垂直方向，起点在下沿。

（2）flex-wrap 属性。

默认情况下，项目都排在一条线（又称"轴线"）上。flex-wrap 属性定义，如果一条轴线排不下，如何换行。

语法格式。

```
.box{
  flex-wrap: nowrap | wrap | wrap-reverse;
}
```

语法解释。

它可能取三个值。

- ❑ nowrap（默认）：不换行。
- ❑ wrap：换行，第一行在上方。
- ❑ wrap-reverse：换行，第一行在下方。

（3）justify-content 属性。

justify-content 属性定义了项目在主轴上的对齐方式。

语法格式。

```
.box {
  justify-content: flex-start | flex-end | center | space-between | space-around;
}
```

语法解释。

- ❑ flex-start（默认值）：左对齐。
- ❑ flex-end：右对齐。
- ❑ center：居中。
- ❑ space-between：两端对齐，项目之间的间隔都相等。
- ❑ space-around：每个项目两侧的间隔相等，所以，项目之间的间隔比项目与边框的间隔大一倍。

10.1.3 案例实现

【例 10-1】 制作手机端课程列表（案例位置：资源包\MR\第 10 章\源码\10-1）。

1. 页面结构简图

本页面中主要使用无序列表标签以及<div>标签添加图片文字等内容，然后通过 CSS3 中 Flex 布局进行页面布局，具体页面结构如图 10-2 所示。

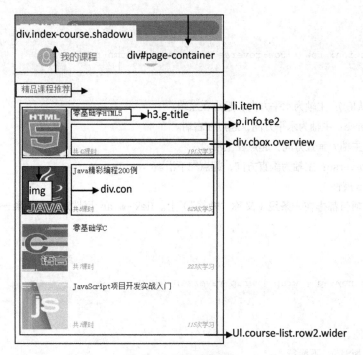

图 10-2　页面结构简图

2. 代码实现

（1）新建 index.html 文件，在该文件中添加课程列表，关键代码如下。

```html
<!doctype html>
<html>
<head>
    <meta charset="utf-8">
    <title>手机端展示课程列表</title>
    <link rel="stylesheet" href="css/mr-style1.css">
    <link rel="stylesheet" href="css/mr-style2.css">
</head>
<body>
<div id="page-container">
    <div class="index-course shadow">
        <h3 class="g-title">精品课程推荐</h3>
        <ul class="course-list row2 wider">
            <li class="item">
                <img src="images/1.png" alt="零基础学HTML5" width="180" height="256">
                <div class="con">
                    <h3 class="title te2">零基础学HTML5</h3>
                    <p class="info te2"></p>
                    <div class="cbox overview">
                        <p class="flex te">共<em class="c-green">42</em>课时</p>
                        <span class="te"><em class="c-green">191</em>次学习</span>
                    </div>
                </div>
            </li>
            <li class="item">
```

```html
        <img src="images/2.png" alt="Java精彩编程200例" width="180" height="256">
        <div class="con">
            <h3 class="title te2">Java精彩编程200例</h3>
            <p class="info te2"></p>
            <div class="cbox overview">
                <p class="flex te">共<em class="c-green">8</em>课时</p>
                <span class="te"><em class="c-green">629</em>次学习</span>
            </div>
        </div>
    </li>
    <!--继续添加课程内容，此处省略雷同代码-->
    <li class="item">
        <img src="images/3.png" alt="零基础学C" width="180" height="256">
        <div class="con">
            <h3 class="title te2">零基础学C</h3>
            <p class="info te2"></p>
            <div class="cbox overview">
                <p class="flex te">共<em class="c-green">7</em>课时</p>
                <span class="te"><em class="c-green">223</em>次学习</span>
            </div>
        </div>
    </li>
    <li class="item">
        <img src="images/4.png" alt="JavaWeb项目开发实战入门" width="180" height="256">
        <div class="con">
            <h3 class="title te2">JavaScript项目开发实战入门</h3>
            <p class="info te2"></p>
            <div class="cbox overview">
                <p class="flex te">共<em class="c-green">1</em>课时</p>
                <span class="te"><em class="c-green">115</em>次学习</span>
            </div>
        </div>
    </li>
    </ul>
</div>
</div>
</body>
</html>
```

（2）新建两个 CSS 文件，分别用于设置页面所有标签的通用样式，具体页面布局等样式，通过 flex 设置页面布局的关键代码如下。

```css
.flex {
    -webkit-box-flex: 1;
    -webkit-flex: 1;
    -moz-flex: 1;
    flex: 1
}
.course-list {
    padding: .1rem .15rem;
    -webkit-box-sizing: border-box;
    box-sizing: border-box;
```

```css
    overflow: hidden;
    background-color: #fff
}
.course-list .item {
    float: left;
    width: 32%;
    margin-right: 2%;
    font-size: .12rem;
    overflow: hidden;
    -webkit-box-sizing: border-box;
    box-sizing: border-box
}
.course-list .item a {
    display: block
}
.course-list .item:nth-child(3n), .course-list.row2 .item:nth-child(2n) {
    margin-right: 0
}
.course-list .title {
    margin-top: 6px;
    height: .36rem;
    line-height: 18px;
    color: #666;
    font-size: .14rem;
    overflow: hidden
}
.course-list.wider .item img {
    float: left;
    margin-right: 10px;
    width: .9rem;
    height: .9rem
}
.course-list.wider .con {
    height: .9rem;
    overflow: hidden;
    -webkit-box-flex: 1;
    -webkit-flex: 1;
    -moz-flex: 1;
    flex: 1
}
.course-list.wider .lesson {
    margin: 12px 0 6px
}
.fixed-down {
    position: fixed
}
.index-course .course-list.wider .con {
    position: relative
}
.index-course .course-list.wider .info {
    padding: .06rem 0;
```

```
    height: .28rem;
    font-size: .12rem;
    line-height: 14px;
    color: #999
}
.index-course .course-list.wider .overview {
    position: absolute;
    left: 0;
    bottom: 0;
    width: 100%;
    color: #999
}
```

（3）代码编写完成后，在谷歌浏览器中运行本案例，具体运行效果如图 10-1 所示。

10.1.4　动手试一试

通过本案例的学习，读者应该掌握 HTML5 页面适配手机屏幕的方法。下面请读者布局一个响应式的购物车结算页面。当屏幕宽度大于 768px 时（PC 端），页面如图 10-3 所示；当屏幕宽度小于 768px 时（手机端），页面如图 10-4 所示（案例位置：资源包\MR\第 10 章\动手试一试\10-1）。

图 10-3　PC 端购物车结算

图 10-4　手机端购物车结算

10.2　【案例 2】手机端的用户登录

10.2.1　案例描述

在前面的学习中，我们已经接触过用户登录和注册相关的知识。当时实现的是 PC 端的页面，并没有考虑手机屏幕的页面，如果用户使用手机浏览网站，那么登录和注册页面对手机适配，显得尤为重要。通过调整浏览器的宽度，来模拟手机屏幕的效果，如图 10-5 所示，这个案例我们将使用 CSS3 的 media（媒体）查询技术，下面将对其进行详细讲解。

图 10-5　实现登录页面

10.2.2　技术准备

1. 媒体查询

　　媒体查询可以根据设备显示器的特性（如视口宽度、屏幕比例和设备方向），设定 CSS 的样式。媒体查询由媒体类型和一个或多个检测媒体特性的条件表达式组成。媒体查询中可用于检测的媒体特性有 width、height 和 color 等。使用媒体查询，可以在不改变页面内容的情况下，为特定的一些输出设备定制显示效果。

2. 媒体查询的步骤

　　（1）在 HTML 页面<head>标签中，添加 viewport 属性的代码，代码如下。

```
<meta    name="viewport"    content="width=device-width,initial-scale=1,maximum-scale=1,
user-scalable=no"/>
```

　　其中，各属性值及其含义如表 10-1 所示。

表 10-1　viewport 属性各属性值及其含义

属性值	含义
width=device-width	设定宽度等于当前设备的宽度
initial-scale=1	设定初始的缩放比例（默认为 1）
maximum-scale=1	允许用户缩放的最大比例（默认为 1）
user-scalable=no	设定用户不能手动缩放

　　（2）使用@media 关键字，编写 CSS 媒体查询代码。举例说明：当设备屏幕宽度在 320px 和 720px 之间时，媒体查询中设置 body 的背景色 background-color 属性值为 red，会覆盖原来的 body 背景色；当设备屏幕宽度小于等于 320px 时，媒体查询中设置 body 背景色 background-color 属性值为 blue，会覆盖原来的 body 背景色。代码如下。

```
/*当设备宽度在320px和720px之间时*/
@media screen and (max-width: 720px) and (min-width: 320px) {
    body {
        background-color: red;
    }
    /*当设备宽度小于等于320px时*/
@media screen and (max-width: 320px) {
        body {
```

```
        background-color: blue;
    }
```

10.2.3 案例实现

【例 10-2】 制作手机端登录页面（案例位置：资源包\MR\第 10 章\源码\10-2）。

1. 页面结构简图

本页面主要由<div>标签和<input>标签组成，然后通过媒体查询实现各屏幕尺寸下的页面样式，具体页面结构如图 10-6 所示。

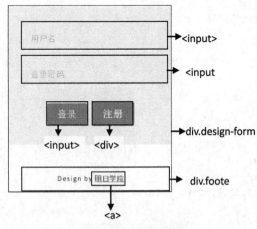

图 10-6　页面结构简图

2. 代码实现

（1）新建 index.html 文件，在该文件中添加登录表单所需标签，具体代码如下。

```html
<!DOCTYPE html>
<html>
<head>
    <title>手机端用户登录</title>
    <meta meta="gbk">
    <meta name="viewport" content="width=device-width, initial-scale=1">
    <link href="css/style.css" rel="stylesheet" type="text/css">
</head>
<body>
<div class="padding-all">
    <div class="design-form">
        <div class="form-agile">
            <form action="#" method="post">
                <input type="text" name="name" placeholder="用户名" required=""/>
                <input type="password"  name="password" class="LoginPadding" placeholder="登录密码" required=""/>
                <input type="submit" value="登录">
                <div>注册</div>
            </form>
        </div>
        <div class="clear"> </div>
```

```
        </div>
        <div class="footer">
            <p style="color:black"> Design by <a href="http://www.mingrisoft.com/" target=
"_blank">明日学院</a></p>
        </div>
    </div>
    </body>
    </html>
```

（2）新建 CSS 文件，并使文件名为 style.css，然后在该文件中编写 CSS 代码，关键代码如下。

```css
.clear {
    clear: both;
}
/****-----start-body----****/
.padding-all {
    padding: 100px;
}
.design-form {
    width: 36%;
    margin: 0 auto;
}
.form-agile {
    padding: 50px 40px;
    text-align: center;
    background: rgba(23, 218, 218, 0.18);
    color: #000;
    margin: 0 auto;
}
.LoginPadding {
    margin: 20px 0 30px;
}
.form-agile input[type="text"], .form-agile input[type="password"] {
    padding: 13px 10px;
    width: 92.5%;
    font-size: 16px;
    outline: none;
    background: transparent;
    border: 0px;
    border-bottom: 1px solid #fff;
    border-radius: 0px;
    font-family: "Asap-Regular";
    letter-spacing: 1.6px;
    color: #fff;
}
.form-agile div {
    display: inline;
    font-size: 18px;
    padding: 11px 20px;
    letter-spacing: 1.2px;
    border: none;
    text-transform: capitalize;
    outline: none;
```

```
        border-radius: 4px;
        -webkit-border-radius: 4px;
        -moz-border-radius: 4px;
        background: #D65B88;
        color: #fff;
        cursor: pointer;
        margin: 0 auto;
        font-family: "Asap-Regular";
        -webkit-transition-duration: 0.9s;
        transition-duration: 0.9s;
}
.footer {
        text-align: center;
        padding-top: 75px;
        letter-spacing: 1.6px;
        line-height: 22px;
}
/*移动端适配方案*/
@media screen and (max-width: 1280px) {
        .design-form {
                width: 46%;
        }
        .form-agile {
                padding: 40px;
        }
}
/*分别设置其余屏幕尺寸下的表单的样式，此处省略雷同代码*/
```

（3）代码编写完成后，在谷歌浏览器中运行本案例，具体运行效果如图 10-5 所示。

10.2.4 动手试一试

通过本案例的学习，读者应该了解 CSS3 中的关键字媒体查询。在手机 H5 适配方案中，经常使用这种技术。学完本节，读者可以尝试制作一个响应式登录表单，具体效果如图 10-7 所示（案例位置：资源包\MR\第 10 章\动手试一试\10-2）。

图 10-7 响应式登录表单

10.3 【案例3】手机端聊天界面

【案例3】手机端
聊天界面

10.3.1 案例描述

本案例制作的是模拟手机端在线客服界面。具体如图 10-8 所示，底部可以发送文字，也可以发送语音。这里仅仅实现的是界面样式，不是真正的功能。接下来，详细讲解本案例的实现过程。

图 10-8 手机端的在线客服界面

10.3.2 技术准备

1. 常用布局类型

根据网站的列数划分网页布局类型，可以分成单列布局和多列布局。其中，多列布局又由均分多列布局和不均分多列布局组成。下面详细介绍。

（1）单列布局。

适合内容较少的网站布局，一般由顶部的 Logo 和菜单（一行）、中间的内容区（一行）和底部的网站相关信息（一行），共 3 行组成。单列布局的效果如图 10-9 所示。

图 10-9 单列布局

（2）均分多列布局。

它是列数大于等于 2 时，使用的布局类型，每列宽度相同，列与列之间间距相同，适合列表展示商品或图片。效果如图 10-10 所示。

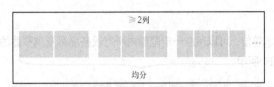

图 10-10　均分多列布局

（3）不均分多列布局。

它也是列数大于等于 2 时的布局类型。每列宽度不同，列与列之间间距不同，适合博客类文章内容页面的布局，一列布局文章内容，一列布局广告链接等内容。效果如图 10-11 所示。

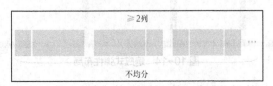

图 10-11　不均分多列布局

2．布局的实现方式

不同的布局类型，有不同的实现方式。以页面的宽度单位（像素或百分比）来划分，可以分为单一式固定布局、响应式固定布局和响应式弹性布局 3 种实现方式。下面具体介绍。

（1）单一式固定布局。

以像素作为页面的基本单位，不考虑多种设备屏幕及浏览器宽度，只设计一套固定宽度的页面布局。技术简单，但适配性差。适合单一终端的网站布局，比如以安全为首位的某些政府机关事业单位，可以仅设计制作适配指定浏览器和设备终端的布局。效果如图 10-12 所示。

图 10-12　单一式固定布局

（2）响应式固定布局。

同样以像素作为页面单位，参考主流设备尺寸，设计几套不同宽度的布局。通过媒体查询技术识别不同屏幕或浏览器的宽度，选择符合条件的宽度布局。效果如图 10-13 所示。

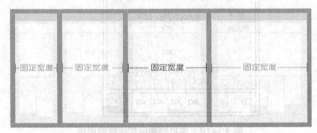

图 10-13　响应式固定布局

（3）响应式弹性布局。

以百分比作为页面的基本单位，可以适应一定范围内所有设备屏幕及浏览器的宽度，并能利用有效空间展现最佳效果。效果如图 10-14 所示。

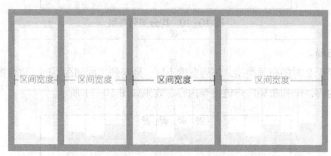

图 10-14　响应式弹性布局

响应式固定布局和响应式弹性布局都是目前可被采用的响应式布局方式：其中响应式固定布局的实现成本低，拓展性比较差；而响应式弹性布局是比较理想的响应式布局实现方式。不同类型的页面排版布局实现响应式设计，需要采用不同的实现方式。

10.3.3　案例实现

【例 10-3】　制作手机端微信的在线客服界面（案例位置：资源包\MR\第 10 章\源码\11-3）。

1. 界面结构简图

本案例需要在 JavaScript 文件中获取用户发送的文字，然后自动生成<div>标签作为回复用户的内容，即回复用户的 div.speaker-answer 是通过 JavaScript 生成的，并非是在 HTML 中手动添加的，具体界面结构如图 10-15 所示。

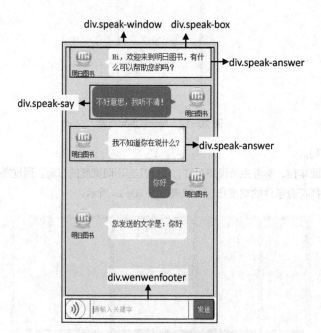

图 10-15　手机端微信在线客服界面

2. 代码实现

（1）新建 index.html 文件，在该文件中引入 CSS 文件和 JavaScript 文件，然后添加客服聊天的内容，关键代码如下。

```html
<!DOCTYPE html>
<html lang="en">
<head>
    <meta charset="utf-8">
    <meta name="viewport" content="width=device-width, initial-scale=1.0 user-scalable=no" media="screen">
    <title>手机端在线客服</title>
    <link href="css/style1.css" rel="stylesheet" type="text/css">
</head>
<body >
<div class="speak_window">
    <div class="speak_box">
        <div class="answer">
            <div class="heard_img left"><img src="../images/dglvyou.jpg"></div>
            <div class="answer_text">
                <p>Hi, 欢迎来到明日图书，有什么可以帮助您的吗？</p>
                <i></i>
            </div>
        </div>
    </div>
    <div class="saying">
        <img src="images/saying.gif">
    </div>
    <div class="wenwen-footer">
        <div class="wenwen_btn left" onclick="to_write()"><img src="../images/jp_btn.png"></div>
        <div class="wenwen_text left">
            <div class="write_box">
                <input type="text" class="left" onkeyup="keyup()" placeholder="请输入关键字">
            </div>
            <div class="circle-button" id="wenwen">
                按住 说话
            </div>
        </div>
        <div class="wenwen_help right">
            <a href="#">
                <img src="../images/help_btn.png">
            </a>
            <button onclick="up_say()" class="right">发送</button>
        </div>
        <div style="opacity:0;" class="clear"></div>
        <div class="typein"></div>
    </div>
</div>
<script type="text/javascript" src="js/jquery-1.11.1.min.js"></script>
<script type="text/javascript" src="js/js.js"></script>
</body>
</html>
```

（2）新建 CSS 文件，在该文件中添加 CSS 代码设置聊天页面样式，关键代码如下。

```css
.wenwen-footer {          /*设置下方输入问题框的整体样式*/
    width: 100%;
    background: #fff;
    padding: 1%;
    border-top: solid 1px #ddd;
    box-sizing: border-box;
}
.wenwen_text {     /*设置输入问题的文本框的样式*/
    height: 40px;
    border-radius: 5px;
    border: solid 1px #636162;
    box-sizing: border-box;
    width: 66%;
    text-align: center;
    overflow: hidden;
    margin-left: 2%;
}
.write_box {     /*输入文字时，下方提示所输入的内容*/
    background: #fff;
    width: 100%;
    height: 40px;
    line-height: 40px;
    display: none;
}
.write_box input {
    height: 40px;
    padding: 0 5px;
    line-height: 40px;
    width: 100%;
    box-sizing: border-box;
    border: 0;
}
.speak_box {
    min-height: 400px;
    margin-bottom: 70px;
    padding: 10px;
}
.question_text, .answer_text {
    box-sizing: border-box;
    position: relative;
    display: table-cell;
    min-height: 60px;
}
.question_text p, .answer_text p {         /*问答对话的样式*/
    border-radius: 10px;
    padding: .5rem;
    margin: 0;
    font-size: 14px;
    line-height: 20px;
    box-sizing: border-box;
```

```
        vertical-align: middle;
        display: table-cell;
        height: 60px;
        word-wrap: break-word;
    }
    .question_text i, .answer_text i {     /*设置聊天气泡的样式*/
        width: 0;
        height: 0;
        border-top: 5px solid transparent;
        border-bottom: 5px solid transparent;
        position: absolute;
        top: 25px;
    }
    .answer_text i {
        border-right: 10px solid #fff;
        left: 10px;
    }
    .question_text i {
        border-left: 10px solid #42929d;
        right: 10px;
    }
    .write_list {
        position: absolute;
        left: 0;
        width: 100%;
        background: #fff;
        border-top: solid 1px #ddd;
        padding: 5px;
        line-height: 30px;
    }
    @media all and (min-width: 640px) {    /*设置浏览器窗口大于640像素时的样式*/
        body, html, .wenwen-footer, .speak_window {
            width: 640px !important;
            margin: 0 auto
        }
    }
```

（3）新建 JavaScript 文件，在该文件中添加代码，具体代码如下。

```
//语音输入和键盘输入功能切换
function to_write() {
    $('.wenwen_btn img').attr('src', 'images/yy_btn.png');
    $('.wenwen_btn').attr('onclick', 'to_say()');
    $('.write_box,.wenwen_help button').show();
    $('.circle-button,.wenwen_help a').hide();
    $('.write_box input').focus();
    for_bottom();
}
//语音输入时，移除输入文字的记录
function to_say() {
    $('.write_list').remove();
    $('.wenwen_btn img').attr('src', 'images/jp_btn.png');
    $('.wenwen_btn').attr('onclick', 'to_write()');
```

```
        $('.write_box,.wenwen_help button').hide();
        $('.circle-button,.wenwen_help a').show();
    }
    //发送问题
    function up_say() {
        $('.write_list').remove();
        var text = $('.write_box input').val(),
            str = '<div class="question">';
        str += '<div class="heard_img right"><img src="images/dglvyou.jpg"/></div>';
        str += '<div class="question_text clear"><p>' + text + '</p><i></i>';
        str += '</div></div>';
        if (text == '') {
            alert('请输入提问！');
            $('.write_box input').focus();
        } else {
            $('.speak_box').append(str);
            $('.write_box input').val('');
            $('.write_box input').focus();
            autoWidth();
            for_bottom();
            setTimeout(function () {
                var ans = '<div class="answer"><div class="heard_img left"><img src="images/
dglvyou.jpg"/></div>';
                ans += '<div class="answer_text"><p>您发送的文字是：' + text + '</p><i></i>';
                ans += '</div></div>';
                $('.speak_box').append(ans);
                for_bottom();
            }, 1000);
        }
    }
    //键盘输入问题
    function keyup() {
        var footer_height = $('.wenwen-footer').outerHeight(),
            text = $('.write_box input').val(),
            str = '<div class="write_list">' + text + '</div>';
        if (text == '' || text == undefined) {
            $('.write_list').remove();
        } else {
            $('.typein').append(str);
        }
    }

    var wen = document.getElementById('wenwen');
    function _touch_start(event) {
        event.preventDefault();
        $('.wenwen_text').css('background', '#c1c1c1');
        $('.wenwen_text span').css('color', '#fff');
        $('.saying').show();
    }
    //发送语音和回复语音消息
    function _touch_end(event) {
        event.preventDefault();
        $('.wenwen_text').css('background', '#fff');
```

```
$('.wenwen_text .circle-button').css('color', '#666');
$('.saying').hide();
var str = '<div class="question">';
str += '<div class="heard_img right"><img src="images/dglvyou.jpg"/></div>';
str += '<div class="question_text clear"><p>不好意思，我听不清！</p><i></i>';
str += '</div></div>';
$('.speak_box').append(str);
for_bottom();
setTimeout(function () {
    var ans = '<div class="answer"><div class="heard_img left"><img src="images/dglvyou.jpg"/></div>';
    ans += '<div class="answer_text"><p>我不知道你在说什么?</p><i></i>';
    ans += '</div></div>';
    $('.speak_box').append(ans);
    for_bottom();
}, 1000);
}

wen.addEventListener("touchstart", _touch_start, false);
wen.addEventListener("touchend", _touch_end, false);
//设置聊天界面的高度
function for_bottom() {
    var speak_height = $('.speak_box').height();
    $('.speak_box,.speak_window').animate({scrollTop: speak_height}, 500);
}

function autoWidth() {
    $('.question_text').css('max-width', $('.question').width() - 60);
}
autoWidth();
```

（4）代码编写完成后，在谷歌浏览器中运行本实例，具体效果如图 10-8 所示。

10.3.4 动手试一试

本案例带领大家学习了手机端适配的一些方法和技巧。学完本节，读者可以尝试制作一个注册表单页面，当屏幕宽度大于 640px，小于 1025px 时，页面效果如图 10-16 所示；当屏幕宽度大于 1025px 时，页面效果如图 10-17 所示（案例位置：资源包\MR\第 10 章\动手试一试\10-3）。

图 10-16　屏幕宽度大于 640px，
小于 1025px 时页面效果

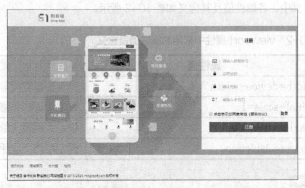

图 10-17　屏幕宽度大于 1025px 时页面效果

10.4 【案例4】在手机端播放视频

10.4.1 案例描述

视频播放在手机端也是常见的功能。常见的视频网站都已经可以很好地支持和响应
手机端的适配方案了。本案例中，读者将学到如何实现手机端的视频播放，包含视频组件的很多功能，如调节
声音、全屏等，如图10-18所示。下面将对其进行详细讲解。

图10-18 手机端的视频播放界面

10.4.2 技术准备

<meta>标签

<meta>标签，是HTML网页中非常重要的一个标签。<meta>标签中可以添加一个描述HTML网页的属
性，如作者、日期、关键词等。其中，与响应式网站相关的是viewport属性，viewport属性可以规定网页设
计的宽度与实际屏幕的宽度的大小关系。

语法格式如下。

```
<meta name="viewport" content="width=device-width,
                    initial-scale=1,maximum-scale=1,user-scalable=no"/>
```

其中，各属性值及其含义如表10-2所示。

表10-2 viewport属性中常用的属性值及含义

属性值	含义
width=device-width	设定视口宽度等于当前设备的宽度
initial-scale=1	设定页面初始缩放比例（默认为1）
maximum-scale=1	设定页面最大缩放比例（默认为1）
user-scalable=no	设定用户不能手动缩放

 说明

在桌面浏览器中，视口的概念等于浏览器中窗口的概念。视口中的像素指的是CSS像素，视口大小
决定了页面布局的可用宽度。视口的坐标是逻辑坐标，与设备无关。

10.4.3　案例实现

【例 10-4】　实现手机端播放视频方法如下（案例位置：资源包\MR\第 10 章\源码\11-4）。

1. 页面结构简图

本案例通过\<iframe\>标签添加视频路径，由于在网站开发中\<iframe\>标签并不常用，所以本书并未讲解该标签，具体页面结构如图 10-19 所示。

图 10-19　页面结构简图

2. 代码实现

（1）新建一个 index.html 文件，在该文件的\<meta\>标签中，添加 viewport 属性，并且设置属性值为 width=device-width 和 initial-scale=1，规定布局视口宽度等于设备宽度，页面的初始缩放比例为 1；然后在 \<body\>标签中通过\<iframe\>标签引入一个测试视频，具体代码如下。

```html
<!DOCTYPE html>
<html>
<head>
    <!--指定页面编码格式-->
    <meta charset="UTF-8">
    <!--通过<meta>标签，使网页宽度与设备宽度一致 -->
    <meta name="viewport" content="width=device-width,initial-scale=1">
    <!--指定页头信息-->
    <title>手机端播放视频</title>
</head>
<body>
<div align="center">
    <iframe  src="test.mp4" frameborder="0" allowfullscreen width="400px" height="250px">
</iframe>
    </div>
```

```
    </body>
    </html>
```

（2）上面代码已经实现在手机端播放视频时，视频宽度与手机屏幕宽度一致，但是为了使页面美观，可以新建 indexAll.html 文件，在该文件中引入 index.html 文件，并且添加一张背景图，关键代码如下。

```
<!DOCTYPE html>
<html lang="en">
<head>
    <meta charset="UTF-8">
    <title>手机端播放视频</title>
</head>
<body style="background-image: url(bg.png);background-repeat: no-repeat">
<iframe src="index.html"
        style="position: absolute;top: 55px;left:0px;border: none;width:100%;height:90%;
overflow: hidden;"></iframe>
    </body>
    </html>
```

（3）代码编写完成后，在谷歌浏览器中运行本案例，运行本案例中的 indexAll.html 文件即可显示与本案例相同的效果，具体实现效果如图 10-18 所示。

10.4.4　动手试一试

通过对本案例的学习，相信读者对<meta>标签的手机响应属性有了初步的了解，同时对视频在手机端上的响应式适配方法有所掌握。学完本节后，读者可以尝试在网页中添加一段视频，并且使该视频在不同屏幕宽度下，都能正常显示，具体实现效果如图 10-19 所示（案例位置：资源包\MR\第 10 章\动手试一试\10-4）。

小 结

本章主要讲解了移动端网页布局的几种布局类型，以及实现这几种布局的方式。学完本章，读者应该对响应式布局有了一定的了解，并且能够对一些简单网页进行响应式设计。

习 题

10-1　简述什么是响应式网页设计及其优缺点。
10-2　Flex 容器的常见属性有哪些？
10-3　常见的布局方式有哪些？
10-4　媒体查询中 CSS3 使用的关键字是什么？
10-5　简要说明什么是视口。

第11章

手机响应式开发（下）

+ + + + + + + + + + + + + + + + + + + +
+ + + + + + + + + + + + + + + + + + +
+ + + + + + + + + + + + + + + + + +
+ + + + + + + + + + + + + + + + + + + +
+ + + + + + + + + + + + + + + + + +
+ + + + + + + + + + + + + + + + + +
+ + + + + + + + + + + + + + + +

本章要点

■ 组件，就是封装在一起的物件，比如服饰中的运动套装，饮食中的食物套餐。而响应式组件指的是，在响应式网页设计中，将常用的页面功能（如图片集、列表、菜单和表格等）编码实现后共同封装在一起，从而便于日后的使用和维护。上一章已经讲解了响应式网页设计的基础知识，本章将深入讲解响应式组件方面的内容。

■ 掌握通过媒体查询实现响应式布局的方法

■ 理解响应式组件的概念

■ 了解网页中常见元素表格、图片等实现响应式的方式

■ 灵活运用开源插件提高自己的开发效率

11.1 【案例1】添加响应式图片

【案例1】添加
响应式图片

11.1.1 案例描述

本案例实现的是，网页在不同的浏览器屏幕宽度中展示不同的图片，具体效果如图
11-1 和图 11-2 所示。其中当浏览器屏幕宽度大于 800px 时，页面中展示图 11-1 所示的图片，反之，则展示
图 11-2 所示的图片。接下来我们将详细讲解，如何使用 HTML5 和 CSS 实现这一功能。

图 11-1 屏幕宽度大于 800px 时展示的图片

图 11-2 屏幕宽度小于 800px 时展示的图片

11.1.2 技术准备

响应式图片是响应式网站中的基础组件。表面上只要把图片元素的宽高属性值移除，然后设置 max-width
属性为 100% 即可。但实际上仍要考虑很多因素，比如，同一张图片在不同的设备中的显示效果是否一致；
图片本身的放大和缩小问题等。这里，介绍两种常见的响应式图片处理方法：使用<picture>标签和使用 CSS
图片。

1. 使用<picture>标签

使用<picture>标签类似于使用<audio>标签和<video>标签，可以做到不是简单地响应设备大小，而是可
以根据屏幕的尺寸调整图片的宽高。

语法格式如下。

```
<picture>
  <source srcset="1.jpg" media="(max-width: 800px)" />
  <img src="2.jpg">
</picture>
```

语法解释如下。

<picture>标签又包含<source>标签和<img>标签。其中<source>标签可以针对不同屏幕尺寸，显示不同
的图片。上述代码表示，当屏幕的宽度小于 800px 时，网页将显示 1.jpg 图片，否则，将显示<img>标签中的
2.jpg 图片。

2. 使用 CSS 图片

使用 CSS 图片就是利用媒体查询的技术，使用 CSS 中的 media 关键字，针对不同的屏幕宽度定义不同的样式，从而控制图片的显示。

语法格式如下。

```
@media screen and (min-width: 800px) {
        css样式代码

}
```

语法解释如下。

上述代码表示，当屏幕的宽度大于 800px 时，将应用大括号内的 CSS 样式代码。可以使用 media 关键字的浏览器及其版本如表 11-1 所示。

表 11-1　支持 media 关键字的浏览器及其版本

浏览器	版本
Google Chrome	21.0 及以上
IE	9.0 及以上
火狐浏览器	3.5 及以上
Safari 浏览器	4.0 及以上

11.1.3　案例实现

【例 11-1】　实现在不同宽度的浏览器屏幕中展示不同的图片（案例位置：资源包\MR\第 11 章\源码\11-1）。

1. 页面结构简图

本案例中含有<picture>标签、<source>标签和<img>标签，使用<picture>标签，将<source>标签和<img>标签放入<picture>父标签中，然后利用 media 属性，实现在不同宽度的屏幕中显示不同图片。具体结构如图 11-3 所示。

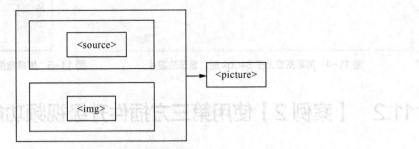

图 11-3　页面结构简图

2. 代码实现

（1）新建 index.html 文件，在该文件中添加<picture>标签、<img>标签以及<source>标签及代码，具体代码如下。

```
<!DOCTYPE html>
<html>
<head>
    <!--指定页面编码格式-->
```

```
        <meta charset="UTF-8">
        <!--指定页头信息-->
        <title><picture>标签的使用</title>
    </head>
    <body>
    <picture>
        <source srcset="big.jpg" media="(min-width: 800px)">
        <img srcset="small.png">
    </picture>
    </body>
    </html>
```

（2）代码编写完成后，在谷歌浏览器中运行本实例，然后缩放浏览器的屏幕，页面中就会根据不同屏幕宽度显示对应图片。具体效果如图 11-1 和图 11-2 所示。

11.1.4　动手试一试

通过对本案例的学习，相信读者了解甚至掌握了手机端图片适配的两种方法：使用<picture>标签和使用 CSS 图片。学完本节，读者可以尝试实现在不同宽度屏幕中显示不同图片，具体实现效果如图 11-4 和图 11-5 所示（案例位置：资源包\MR\第 11 章\动手试一试\11-1）。

图 11-4　屏幕宽度大于 640px 时，显示的图片　　　图 11-5　屏幕宽度小于 640px 时，显示的图片

11.2　【案例 2】使用第三方插件升级视频功能

【案例 2】使用第三方插件升级视频功能

11.2.1　案例描述

视频对网站而言，已经成为极其重要的营销工具。在响应式网站中，对视频进行处理也是较常见的。如同响应式图片，处理响应式视频也是比较让人头疼的事情。这不仅仅是关于视频播放器的尺寸问题，同样也包含了视频播放器的整体效果和用户体验问题，图 11-6 中是一个响应式视频页面。这里将介绍两种常见的响应式视频处理技术：<meta>标签和 HTML5 手机播放器。

图 11-6　响应式视频页面

11.2.2　技术准备

使用 HTML5 手机播放器组件

使用第三方封装好的手机播放器组件，是实际开发中经常采用的方法。第三方组件工具，通过 JavaScript 和 CSS 技术，不仅能完美实现响应式视频，更能大大扩展视频播放的功能，如点赞、分享和换肤等。实际开发中，这样封装好的手机播放器组件很多，这里主要通过一个实例，介绍 willesPlay 手机播放器组件的使用方法。

11.2.3　案例实现

【例 11-2】使用第三方插件升级视频功能（案例位置：资源包\MR\第 11 章\源码\11-2）。

1. 页面结构简图

本案例除了实现响应式视频以外，还将实现自定义视频工具栏、按钮等样式，自定义视频工具栏和按钮时，将引用 bootstrap 插件中的字体图标，然后将按钮添加到<div>标签中，页面结构简图如图 11-7 所示。

图 11-7　页面结构简图

2. 代码实现

（1）新建 index.html 文件，然后在该文件中引入 bootstrap 插件文件，willsPlay 文件等相关 CSS 文件以及 JavaScript 文件，然后在该文件中添加 HTML 代码，具体代码如下。

```html
<!DOCTYPE html>
<html lang="en">
<head>
    <meta charset="utf-8">
    <meta name="viewport" content="width=device-width,initial-scale=1.0,maximum-scale=
1.0,user-scalable=0"/>
    <title>HTML5手机播放器</title>
    <link rel="stylesheet" type="text/css" href="css/reset.css"/>
    <link rel="stylesheet" type="text/css" href="css/bootstrap.css">
    <link rel="stylesheet" type="text/css" href="css/willesPlay.css"/>
    <script src="js/jquery.min.js"></script>
    <script src="js/willesPlay.js" type="text/javascript" charset="utf-8"></script>
</head>
<body>
<div class="container">
    <div class="row">
        <div class="col-md-12">
            <div id="willesPlay">
                <div class="playHeader">
                    <div class="videoName">响应式设计</div>
                </div>
                <div class="playContent">
                    <div class="turnoff">
                        <ul>
                            <li><a href="javascript:;" title="喜欢" class="glyphicon glyphicon-
heart-empty"></a></li>
                            <li><a href="javascript:;" title="关灯"
                                class="btnLight on glyphicon glyphicon-sunglasses"></a></li>
                            <li><a href="javascript:;" title="分享" class="glyphicon glyphicon-
share"></a></li>
                        </ul>
                    </div>
                    <video width="100%" height="100%" id="playVideo">
                        <source src="test.mp4" type="video/mp4">
                        </source>
                        当前浏览器不支持 video直接播放，单击这里下载视频：<a href="/">下载视频
</a></video>
                    <div class="playTip glyphicon glyphicon-play"></div>
                </div>
                <div class="playControll">
                    <div class="playPause playIcon"></div>
                    <div class="timebar"><span class="currentTime">0:00:00</span>
                        <div class="progress">
                            <div class="progress-bar progress-bar-danger progress-bar-striped"
role="progressbar"
```

```
                         aria-valuemin="0" aria-valuemax="100" style="width: 0%"></div>
                </div>
                <span class="duration">0:00:00</span></div>
            <div class="otherControl"><span class="volume glyphicon glyphicon-volume-
down"></span> <span
                    class="fullScreen glyphicon glyphicon-fullscreen"></span>
                <div class="volumeBar">
                    <div class="volumewrap">
                        <div class="progress">
                            <div  class="progress-bar  progress-bar-danger"  role=
"progressbar" aria-valuemin="0"
                                aria-valuemax="100" style="width: 8px;height: 40%;"></div>
                        </div>
                    </div>
                </div>
            </div>
        </div>
    </div>
</div>
</body>
</html>
```

（2）代码编写完成后，在谷歌浏览器中运行本实例，具体运行效果如图 11-6 所示。

11.2.4 动手试一试

通过本案例的学习，读者应该对第三方响应式视频组件有所了解。灵活运用开源的第三方视频组件，开发效率高，代码 Bug 少，是程序员必备技能之一。学完本案例，读者可以尝试在网页中添加响应式视频，视频的宽度总是与屏幕宽度相等，具体运行效果如图 11-8 所示（案例位置：资源包\MR\第 11 章\动手试一试\11-2）。

图 11-8　在网页中添加响应式视频

11.3 【案例3】响应式导航菜单

11.3.1 案例描述

导航菜单，是网站中必不可少的基础功能。大家熟知的 QQ 空间，已经将导航菜单
封装成五花八门的装饰性组件，进行虚拟商品的交易。在响应式网站成为一种标配的同时，响应式导航菜单的
实现方式也多种多样。这里介绍两种常用的响应式导航菜单：CSS3 响应式菜单和 JavaScript 响应式菜单。图
11-9 和图 11-10 所示的是响应式菜单在 PC 端和手机端的显示效果。

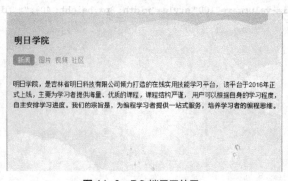

图 11-9　PC 端显示效果

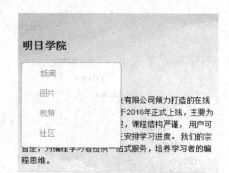

图 11-10　手机端显示效果

11.3.2 技术准备

实现响应式菜单，通常可以使用两种方式：使用 CSS3 实现响应式菜单和使用 JavaScript 实现响应式菜单，
具体说明如下。

1. CSS3 响应式菜单

CSS3 响应式菜单，本质上是使用 CSS 媒体查询中的 media 关键字，得到当前设备屏幕的宽度，根据不同
的宽度，设置不同的 CSS 样式代码，从而适配不同设备的布局内容。这里通过一个具体实例，实现 CSS3 的响
应式导航菜单。

2. JavaScript 响应式菜单

如同 HTML5 手机播放器，JavaScript 响应式菜单，同样使用第三方封装好的响应式导航菜单组件
responsive-menu。在使用这类组件时，需要注意的是，一定要根据官方的示例进行学习和使用。

11.3.3 案例实现

【例 11-3】实现响应式导航菜单（案例位置：资源包\MR\第 11 章\源码\11-3）。

1. 页面布局简图

虽然页面中的显示效果不一样，但是其标签的嵌套方式都是相同的，其结构简图如图 11-11 和图 11-12
所示。

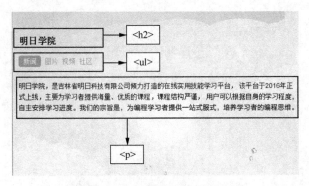

图 11-11　PC 端导航菜单结构简图

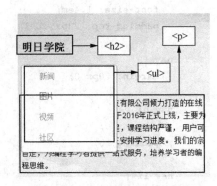

图 11-12　手机端导航菜单结构简图

2. 代码实现

（1）新建 index.html 文件，在该文件中添加 HTML 代码，关键代码如下。

```
<body style="background-image: url(bg.jpg)">
<h2>明日科技在线学院</h2>
<!--导航菜单区域-->
<nav class="nav">
    <ul>
        <li class="current"><a href="#">新闻</a></li>
        <li><a href="#">图片</a></li>
        <li><a href="#">视频</a></li>
        <li><a href="#">社区</a></li>
    </ul>
</nav>
<p>明日学院，是吉林省明日科技有限公司倾力打造的在线实用技能学习平台，
        该平台于2016年正式上线，主要为学习者提供海量、优质的课程，课程结构严谨，
        用户可以根据自身的学习程度，自主安排学习进度。
        我们的宗旨是，为编程学习者提供一站式服务，培养学习者的编程思维。
</p>
</body>
```

（2）在 index.html 文件的<head>标签中添加 CSS 代码设置页面样式，关键代码如下。

```
<style>
    body {
        font: 90%/160% Arial, Helvetica, sans-serif;
        color: #666;
        width: 900px;
        max-width: 96%;
        margin: 0 auto;
    }
    p {
        margin: 0 0 20px;
    }
    h2 {
        color: #000;
        line-height: 120%;
        margin: 30px 0 10px;
```

```css
        font-size: 1.4em;
        padding-top: 20px;
}
.nav {
    margin: 20px 0;
}
.nav ul {
    margin: 0;
    padding: 0;
}
.nav li {
    margin: 0 5px 10px 0;
    padding: 0;
    list-style: none;
    display: inline-block;
    *display: inline;
}
.nav a {
    padding: 3px 12px;
    text-decoration: none;
    color: #999;
    line-height: 100%;
}
.nav a:hover {
    color: #000;
}
.nav .current a {
    background: #999;
    color: #fff;
    border-radius: 5px;
}
@media screen and (max-width: 600px) {
    .nav {
        position: relative;
        min-height: 40px;
    }
    .nav ul {
        width: 180px;
        padding: 5px 0;
        position: absolute;
        top: 0;
        left: 0;
        border: solid 1px #aaa;
        border-radius: 5px;
        box-shadow: 0 1px 2px rgba(0, 0, 0, .3);
    }
    .nav li {
        display: none;                          /* 隐藏所有的 <li> 项 */
        margin: 0;
```

```
    }
    .nav .current {
        display: block;                          /* 只展示当前的 <li> 项 */
    }
    .nav a {
        display: block;
        padding: 5px 5px 5px 32px;
        text-align: left;
        color: #6699cc;
    }
    .nav .current a {
        background: none;
        color: #6699cc;
    }
    .nav ul:hover {                              /* 鼠标指针悬浮在菜单上时的菜单样式 */
        background-image: none;
        background-color: #fff;
    }
    .nav ul li a:hover {
        color: #ff6600
    }
    .nav ul:hover li {
        display: block;
        margin: 0 0 5px;
    }
    }
</style>
```

（3）代码编写完成后，在谷歌浏览器运行本实例，缩放浏览器屏幕尺寸，即可切换两种不同样式的导航菜单，具体效果如图 11-9 和图 11-10 所示。

11.3.4 动手试一试

通过本案例的学习，希望读者了解手机端导航菜单显示效果与 PC 端的不同。因为手机端屏幕宽度的限制，所以对导航菜单采取了"显示主要内容，隐藏次要内容"的方法。学完本案例，读者可以制作响应式导航菜单，当屏幕尺寸小于 420px 时，菜单竖向显示，反之则横向显示。具体如图 11-13 和图 11-14 所示（案例位置：资源包\MR\第 11 章\动手试一试\11-3）。

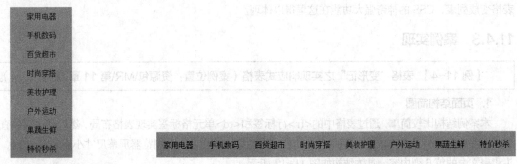

图 11-13 竖向显示的导航菜单　　　　　　　　　　　　图 11-14 横向显示的导航菜单

11.4 【案例 4】表格“变形记”

【案例 4】表格“变形记”

11.4.1 案例描述

表格同样也是网站必不可少的功能。电商平台中的“我的订单”页面使用的就是表格技术。在响应式网站中，响应式表格的实现方法也有很多，这里介绍其中一种非常重要的方法：隐藏表格中的列。以招聘信息表为例，下面将详细讲解如何经将表格“变形”。具体效果如图 11-15 和图 11-16 所示

序号	职位名称	招聘人数	工作地点	学历要求	年龄要求	薪资
1	Java高级工程师	1	北京	本科	30岁以上	面议
2	Java初级工程师	3	长春	本科	25岁以上	面议
3	前端UI设计师	2	长春	本科	25岁以上	面议
4	PHP高级工程师	2	北京	本科	30岁以上	面议
5	产品经理	1	长春	本科	28岁以上	面议
6	测试工程师	3	北京	本科	28岁以上	面议
7	高级用户研究经理	1	北京	本科	30岁以上	面议
8	高级Android开发工程师	3	长春	本科	30岁以上	面议

图 11-15　PC 端页面效果

序号	职位名称	招聘人数	学历要求	薪资
1	Java高级工程师	1	本科	面议
2	Java初级工程师	3	本科	面议
3	前端UI设计师	2	本科	面议
4	PHP高级工程师	2	本科	面议
5	产品经理	1	本科	面议
6	测试工程师	3	本科	面议
7	高级用户研究经理	1	本科	面议
8	高级Android开发工程师	3	本科	面议

图 11-16　手机端页面效果

11.4.2 技术准备

实现响应式表格有三种常见方式，分别是隐藏表格中的列、滚动显示表格中的列以及转换表格中的列，三种方法的具体说明如下。

1. 隐藏表格中的列

隐藏表格中的列，是指在移动端中，隐藏表格中不重要的列，从而达到适配移动端的显示效果。实现技术，主要是应用 CSS 中媒体查询的 media 关键字，当检测到移动设备时，根据设备的宽度，将不重要的列，设置为 display:none。

2. 滚动显示表格中的列

滚动显示表格中的列，是指采用滚动条的方式，滚动查看手机端看不到的信息列。实现技术，主要是应用 CSS 中媒体查询的 media 关键字，检测屏幕的宽度，同时，改变表格的样式，将表格的表头从横向排列变成纵向排列。

3. 转换表格中的列

转换表格中的列，是指在移动端中，彻底改变表格的样式，使其不再有表格的形态，以列表的样式进行显示。仍使用 CSS 媒体查询中的 media 关键字实现技术，检测屏幕的宽度，然后利用 CSS 技术，重新改造，让表格变成列表，CSS 的神奇强大功能在这里得以体现。

11.4.3 案例实现

【例 11-4】 表格“变形记”之实现响应式表格（案例位置：资源包\MR\第 11 章\源码\11-4）。

1. 页面结构简图

本案例结构比较简单，通过表格中的<tr>行标签和<td>单元格标签实现表格布局，然后通过媒体查询实现浏览器屏幕尺寸小于 800px 时，隐藏表头和表文中的第 4 列内容，而浏览器屏幕尺寸小于 640px 时，隐藏表头和表文中的第 6 列内容。具体结构如图 11-17 所示。

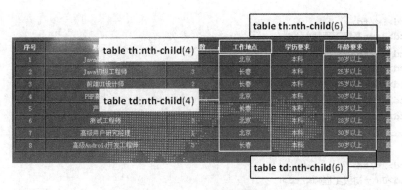

图 11-17　页面结构简图

2. 代码实现

（1）新建 index.html 文件，然后在该文件中添加文本内容，并且在<head>标签中添加 CSS 代码，实现不同屏幕尺寸中隐藏表格的部分列，关键代码如下。

```html
<!DOCTYPE html>
<html lang="en">
<head>
    <meta charset="UTF-8">
    <meta name="viewport" content="width=device-width, initial-scale=1">
    <title>隐藏表格中的列</title>
    <style>
        @media only screen and (max-width: 800px) {
            table td:nth-child(4),
            table th:nth-child(4) {display: none;}
        }
        @media only screen and (max-width: 640px) {
            table td:nth-child(4),
            table th:nth-child(4),
            table td:nth-child(6),
            table th:nth-child(6) {display: none;}
        }
    </style>
</head>
<body style="background-image: url(bg_01.png);color:white">
<table width="100%" cellspacing="1" cellpadding="5" border="1">
    <thead>
    <tr>
        <th>序号</th>
        <th>职位名称</th>
        <th>招聘人数</th>
        <th>工作地点</th>
        <th>学历要求</th>
        <th>年龄要求</th>
        <th>薪资</th>
    </tr>
    </thead>
    <tbody align="center">
    <tr>
```

```
                <td>1</td>
                <td>Java高级工程师</td>
                <td>1</td>
                <td>北京</td>
                <td>本科</td>
                <td>30岁以上</td>
                <td>面议</td>
            </tr>
            <tr>
                <td>2</td>
                <td>Java初级工程师</td>
                <td>3</td>
                <td>长春</td>
                <td>本科</td>
                <td>25岁以上</td>
                <td>面议</td>
            </tr>
    <!--继续逐行添加表格内容，此处省略雷同代码-->
            </tbody>
        </table>
    </body>
</html>
```

（2）代码编写完成后，在谷歌浏览器中运行本实例，具体运行效果如图 11-15 和图 11-16 所示。

11.4.4　动手试一试

通过本案例的学习，相信读者对表格在手机端的适配有了初步的理解。对表格而言，当表格的列数较多时，可以隐藏不太重要的列。学完本案例，读者可以模仿本案例，实现考试成绩单的响应式表格布局，具体效果如图 11-18 和图 11-19 所示（案例位置：资源包\MR\第 11 章\动手试一试\11-4）。

图 11-18　当屏幕宽度大于 640px 时显示的表格　　　　图 11-19　当屏幕宽度小于 640px 时显示的表格

小　结

本章主要讲解响应式组件以及各组件常用的响应式布局的方式，学完本章，读者应该掌握通过媒体查询进行响应式布局的方法，如果实现的功能比较复杂，或者代码较多，较复杂时，可以适当地运用开源插件，这样可以大大提高开发效率。

习 题

11-1　简单描述什么是响应式组件。

11-2　实现响应式图片的方法有哪些？

11-3　实现响应式布局时，<meta>标签的作用是什么？

11-4　常见的实现响应式表格的方法有哪几种？

11-5　请写出在 CSS3 中通过媒体查询来判断当前屏幕宽度是否大于 1024px 且小于 1280px 的代码。

第12章

综合案例——在线教育平台

本章要点

■ 理解网站制作的流程
■ 能够设计与实现响应式网页
■ 理解Amaze UI框架
■ 能够灵活选择适配手机端网页的方式

■ 只有把理论知识同具体实际相结合，才能正确回答实践提出的问题，扎实提升读者的理论水平与实战能力。本章结合前面章节所学的知识点，制作明日学院在线教育网站。如果将前面所学的知识内容，比作士兵在练习如何拿枪、如何射击，那么本章就是带领大家进入"真枪实弹"的战场了。

本案例不仅支持 PC 端的页面显示，还适配手机端的屏幕宽度。通过制作明日学院在线教育网站，读者可以综合运用前面章节所学的知识点，为日后的工作打下一个良好的基础。

12.1 案例分析

本节介绍明日学院在线教育网站的相关信息，包括其页面组成，各页面的功能，以及项目文件夹组织结构等。

12.1.1 案例概述

本网站主要包含 4 个网页，分别是主页、课程列表页、课程详情页和登录页、各页面的功能如下。

（1）主页，是用户访问明日学院的入口页面，用户可以通过该页面进入其他页面。比如登录页面，课程详情页面等，重点向用户介绍课程分类，例如实战课程、体系课程等。

（2）课程列表页面，按用户需求以列表的方式展示课程，比如展示所有 Java 语言的实战课程等，并且展示课程的相关信息——课程时间，是否收费以及学习人数等。

（3）课程详情页面，展示该课程的详细内容，包括课程概述，课程提纲，课程时长以及学习时长等相关信息。

（4）登录页面，含有用户登录功能，验证提交的表单信息功能，比如账户和密码不能为空以及验证邮箱是否正确等。

12.1.2 系统功能结构

本案例仅实现了明日学院官方网站的主页、课程列表页、课程详情页以及登录页面。其中主页主要向用户展示课程版块（实战课程、体系课程、发现课程）以及合作出版社等内容；课程列表页面主要方便用户浏览和选择所要学习的课程，包括左侧下拉列表以及课程分类；课程详情页面用于展示课程相关信息，包括课程基本信息以及课程提纲等；登录页面有登录验证功能，网站功能结构如图 12-1 所示。

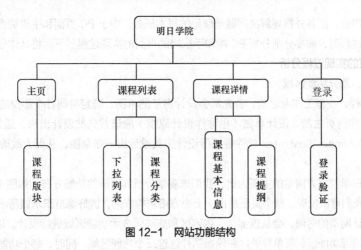

图 12-1　网站功能结构

12.1.3 文件夹组织结构

设计规范的文件夹组织结构，可以方便日后对网站的管理和维护。本案例中项目的根目录文件夹名称为 mingrisoft，在根目录文件夹下含有 assets 文件夹、css 文件夹、images 文件夹、js 文件夹以及各功能页面的 HTML 文件，具体的文件夹组织结构如图 12-2 所示。

```
▼ ▣ mingrisoft ─────────────── 项目根目录
  ▼ ▣ assets ──────────────── AmazedUI框架文件
    > ▣ css ─────────────── AmazedUI框架样式文件
    > ▣ fonts ───────────── AmazedUI框架字体图标文件
    > ▣ i ───────────────── AmazedUI框架图片文件
    > ▣ js ──────────────── AmazedUI框架脚本文件
  > ▣ css ─────────────────── 网站的CSS样式文件
  > ▣ images ──────────────── 所有图片文件
  > ▣ js ──────────────────── 网站的JavaScript脚本文件
    ▤ courselist.html ──────── 课程列表页
    ▤ index.html ───────────── 主页
    ▤ login.html ───────────── 登录页
    ▤ mobileCourselist.html ── 手机端课程列表页
    ▤ mobileIndex.html ─────── 手机端首页
    ▤ mobileLogin.html ─────── 手机端登录页
    ▤ mobileselfCourse.html ── 手机端课程详情页
    ▤ selfCourse.html ──────── 课程详情页
```

图 12-2　明日学院的文件夹组织结构

12.2　技术准备

在制作网站之前，需要具体分析网站的功能需求，在页面划分功能区域等内容。另外，由于本案例需要进行响应式设计，适配手机端时使用了第三方手机端框架，所以读者需要了解第三方手机框架。

12.2.1　实现过程分析

问题是时代的声音，回答并指导解决问题是理论的根本任务。由于 PC 页面和手机端页面相差较大，所以在分析项目的实现过程时，需要分别分析 PC 端和手机端的页面的实现过程。下面将具体分析。

1. PC 端主页的实现过程分析

（1）分析需求，划分功能区域。

如同盖房子一样，在施工作业之前，首先都会设计房子的草图，确定房间各个部位的功能区域。网页设计也是一样，在制作网页之前，设计草图（也称作设计原型）应该首先被设计出来，通常都是通过 Adobe Photoshop 软件或 Adobe Illustrator 软件等原型设计工具设计出一张草图，从而大致确定页面各个部分的功能。

接下来，以明日学院官方网站的主页为例，我们来观察分析其页面的功能分布，如图 12-3 所示。

从图 12-3 中我们可以发现，整个页面是由一个个的方格块构成的，就好像搭积木盖房子一样。一般来说，网页设计人员在设计网页的时候，会从顶部区、内容区和底部区 3 大功能区域进行设计。以图 12-3 所示页面为例，顶部区包括顶部功能区、菜单导航区和轮播图片区这三个功能区域，同时，每个功能区域包含一些特定的功能。例如，顶部功能区含有网站的 Logo、课程搜索功能和登录注册等功能。

需要说明的是，这些功能并不是固定不变的，而是由网站的性质以及设计人员的水平决定的。所以，通过理解设计人员的设计思路，网页开发人员可以采用对应的开发技术来高效施工作业。除了顶部功能区域外，内容区和底部区也是遵循同样的设计开发思路，这里不再赘述。常见的网页设计思路原型如图 12-4 所示，读者可以按照这样的思路进行设计开发。

图 12-3　明日学院主页

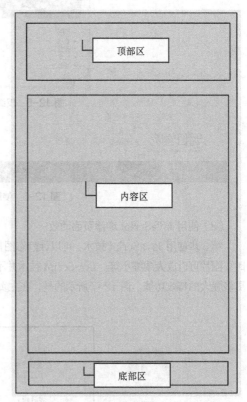

图 12-4　常见的网页设计思路原型

（2）使用 HTML5 填充内容骨架，CSS3 优化页面样式。

通过前面的学习，我们可以知道，HTML5 主要处理的是网页的文本内容，就好比画画一样，首先要画出基本的线条轮廓后，才能上色，上色的过程就相当于使用 CSS3 优化页面样式。因此，从编写代码的顺序角度看，首先需要编写 HTML 代码，填充网页的内容骨架。图 12-5 所示的页面效果只是编写了 HTML 代码的页面效果。

轮廓画完后，就需要给画面上色，同样，HTML5 的骨架内容编写完后，就需要使用 CSS3 进行样式的调整与优化。例如，对图片 Logo 的修饰、页面字体的调整和背景颜色的设置等。关于页面的 HTML 和 CSS 代码的具体实现，将在案例中进行详细讲解。图 12-6 所示为使用 CSS 代码后的页面效果。

图 12-5　仅编写 HTML 代码的页面效果

图 12-6　使用 CSS 代码后的页面效果

（3）使用 JavaScript 增添页面动效。

第 3 步使用 JavaScript 技术，可以让静态图片变成动态图片。例如，当用户把鼠标指针停留在一张图片上时，图片可以放大或缩小等。JavaScript 技术并不仅仅停留于此，随着技术的发展，JavaScript 技术可以实现更多强大的特效功能。图 12-7 所示的是，在主页中鼠标指针停留在图片上时的特殊效果。

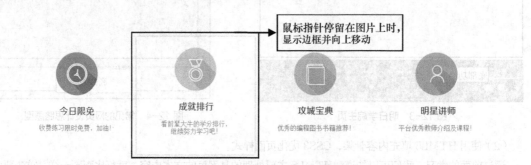

图 12-7　使用 JavaScript 代码后的页面效果

2．手机端主页的实现过程分析

（1）分析需求，划分功能区域。

如同 PC 端的实现步骤，首先分析页面的功能区设定。这一环节通常由设计人员设计原型，图 12-8 所示的页面就是设计好的页面原型。不难发现，手机端的设计原型不是简单地复制 PC 端的功能区域，而是根据手机端的操作特点设计对应的功能。一般会把导航菜单固定到页面最下方，然后通过手指在屏幕上滑动的方式，浏览各个功能区域。同样以官网主页为例，其手机端的设计原型如图 12-8 所示。

图 12-8　手机端主页的设计原型

（2）Amaze UI——开源 HTML5 跨屏前端框架。

实际工作中，通常会采用前端框架来实现页面效果。所谓前端框架，就是已经把页面常用的功能包装好，直接拿来使用即可。实现 PC 端页面的过程中，通常会使用 jQuery 框架，开发手机端页面，前端框架非常多，下面介绍国产的开源免费框架——Amaze UI。

Amaze UI 是一款针对 HTML5 开发的轻量级、模块化、强调移动优先的开源跨屏前端框架，通过拆分、封装一些常用的网页组件，开发者只需复制代码便可将这些跨屏组件写入自己的应用。相比国外框架，Amaze UI 更关注中文排版优化，重视浏览器兼容性，在 GitHub 上线半年的时间，便已获得 2 300 多个"Star"。

所以，本章的所有手机端页面效果都是基于 Amaze UI 框架编码实现的。在案例实现中我们会详细介绍 Amaze UI 的使用方法。需要说明的是，手机端的实现并不是只有 Amaze UI 这一种框架，读者可以根据 Amaze UI 框架，举一反三，尝试使用其他手机端前端框架并比较它们的优缺点。图 12-9 为官方网站对 Amaze UI 框架的特性介绍。

12.2.2　Amaze UI 的使用

本节主要介绍本案例中所用到的 Amaze UI 框架中的组件，分别是内容列表组件和选项卡组件。本案例中所用的组件不止这两个，希望用户在这两个组件的基础上，了解其他的组件的使用方法。

1. Amaze UI 内容列表组件

为了实现手机端课程列表内容，我们使用了 Amaze UI 内容列表组件，这是与 PC 端显著不同的地方。Amaze UI 官方网站提供了简洁易懂的使用文档，因此，开发人员只要找到内容列表组件的使用文档，"拿来使用"即可。Amaze UI 内容列表组件的使用文档如图 12-10 所示。

为移动而生

Amaze UI 以移动优先（Mobile first）为理念，从小屏逐步扩展到大屏，最终实现所有屏幕适配，适应移动互联网潮流。

组件丰富，模块化

Amaze UI 含近 20 个 CSS 组件、20 余个 JS 组件，更有多个包含不同主题的 Web 组件，可快速构建界面出色、体验优秀的跨屏页面，大幅提升开发效率。

本地化支持

相比国外框架，Amaze UI 关注中文排版，根据用户代理调整字体，实现更好的中文排版效果；兼顾国内主流浏览器及 App 内置浏览器兼容支持。

轻量级，高性能

Amaze UI 面向 HTML5 开发，使用 CSS3 来做动画交互，平滑、高效，更适合移动设备，让 Web 应用更快速载入。

图 12-9 Amaze UI 前端框架的特性介绍

图 12-10 Amaze UI 内容列表组件的使用文档

2. Amaze UI 选项卡组件

同样，在实现手机端课程详情页面时，使用了 Amaze UI 框架中的选项卡组件。当然，读者也可以选择其他组件来实现课程详情页面，这主要取决于对 Amaze UI 官方组件库的了解和熟练掌握程度。

因此，开发人员只要在 Amaze UI 官方网站中找到选项卡组件的使用文档，"拿来使用"即可。Amaze UI 选项卡组件的使用文档如图 12-11 所示。

图 12-11　Amaze UI 选项卡组件的使用文档

12.2.3　登录页面实现技巧

登录页面是所有网站必不可少的一部分，本案例也不例外，下面将介绍一些 PC 端和移动端登录页面的实现技巧。

1．PC 端登录页面实现技巧

登录页面中必不可少的组件就是表单，所以在编码实现过程中，特别要注意表单组件相关标签的规范处理。第一，表单组件必填的属性一定不能漏掉，如<input>标签中，不可缺少 type 属性。第二，不能漏掉<form>表单标签，否则尽管页面样式正确，但是在实际作业过程中，会增加后期编码实现的困难。

2．手机端登录页面实现技巧

虽然前面介绍了第三方手机端技术框架，但是并非所有手机端页面都必须使用框架；在实现一些结构较简单的页面时，例如登录页面，就不建议使用第三方框架，而通过 CSS3 直接适配窗口屏幕宽度即可。当然，编写手机端登录页面时，不仅要遵守 PC 端的注意事项，还要在<head>标签中通过 viewport 视口设置适配参数值来适配手机屏幕宽度，具体代码如下。

```
<meta name="viewport" content="width=device-width, initial-scale=1">
```

12.3　主页设计与实现

本节介绍明日学院网站主页的设计与实现，主要包括主页实现效果，代码实现等。下面将对其进行具体介绍。

主页设计与实现

12.3.1　主页概述

所谓主页，就好像一栋建筑的大门一样，是用户首先看见的东西。因此，如果想吸引用户的注意力，主页的设计就十分重要。本节将带领读者实现主页的 PC 端页面和手机端页面，页面效果分别如图 12-12 和图 12-13

所示，可以发现，PC 端页面和手机端页面，无论从功能上还是从布局上都有非常大的差异，这是由二者本身的硬件设备属性造成的。下面将详细介绍如何实现它们。

图 12-12　明日学院主页的 PC 端页面效果　　　　图 12-13　明日学院主页的手机端页面效果

12.3.2　主页设计

关于明日学院主页的设计结构的分析，在 12.2.1 节中有具体的讲解，此处不赘述。

12.3.3　代码实现

在 12.1.3 节中，读者应该已经注意到，本案例中含有 8 个 HTML 页面，分别是 4 个 PC 端明日学院网页和 4 个手机端明日学院网页，下面将具体分别介绍 PC 端和手机端主页的代码实现方法。

1. PC 端主页的代码实现

具体步骤如下。

（1）新建 index.html 文件，在该文件中编写页面的内容骨架。因为代码较长，篇幅限制，所以仅以顶部功能区的代码为例，讲解编写代码的思路和重点，如果读者想查询全部代码，可以在随书资源包中找到。

按照"从上到下，由简易难"的原则，首先将<head>标签区域内的<title>标签的内容改为"明日学院"；接着使用<meta>标签，添加 name 属性，属性值 keyword 和 description 的作用是介绍网站的功能，方便搜索引擎检索。<head >标签内容编写完后，开始<body>标签内的编写。首先通过<div>标签将顶部功能区中的细分模块分组，此时先不用添加 class 样式属性，编写 CSS 样式代码时添加即可，关键代码如下。

```html
<!doctype html>
<html class="cye-lm">
<head>
    <meta charset="utf-8">
    <title>明日学院</title>
    <meta name="keywords"
        content="明日学院，明日科技，教育，在线课程，优质视频，视频教程，Java, JavaScript, PHP,
C#, Visual Basic, Visual C++, Oracle, JavaWeb, Asp.net">
    <meta name="description"
```

```
            content="明日学院是吉林省明日科技有限公司研发的在线教育平台，该平台面向学习者提供大量优质视
频教程：Java、JavaWeb、JavaScript、VC++、PHP、C#、Asp.net、Oracle、Visual Basic等，并提供良好的线
上服务。">
    </head>
    <body style="overflow-x: hidden;">
    <div id="body_content">
        <!--顶部功能区开始-->
        <div class="mrit-index-child">
            <div class="mrit-child-content">
                <!--开始-->
                <div class="mrit-child-user">
                    <div class="mrit-header-login">
                        <div class="top-top-in-center" style="position:relative;" id="center">
                            <div class="mrit-header-logina" style="color:#666; font-weight:bold;">
<a href="login.html"
    style="color:#666;">登录</a>
                                |<a href="#" style="color:#666;"> 注册</a></div>
                        </div>
                    </div>
                </div>
                <!--结束-->
                <div class="logo_box_img">
                    <a href="#" style="float:left; margin-right:10px;">
                        <img src="images/logo.png" alt="明日学院">
                    </a>
                    <!--搜索开始-->
                    <div class="search_box">
                        <div class="top-nav-search">
                            <div class="top-nav-list" onmouseover="this.style.display='block';"
                                onmouseout="this.style.display='none';">
                            <div class="top-list-content">
                                <div class="top-nav-list-li"><a id="course" href="selfCourse.
html">课程</a></div>
                                <div class="top-nav-list-li"><a id="book" href="javascript:;">
读书</a></div>
                                <div class="top-nav-list-li"><a id="forum" href="javascript:;
">社区</a></div>
                            </div>
                        </div>
                        <form name="searchForm" id="searchForm" method="post" action="#"
                            onsubmit="return chkSearch(this)">
                        <div class="search-nav search-nav-top" style=" margin-top:7px;">
                            <span class="top-search-course">课程</span>
                        </div>
                        <input type="text" name="keyword" class="top-nav-search-input"
placeholder="请输入内容">
                        <input type="hidden" name="search_type" id="search_type" value="0">
                        <input type="image" src="images/search_a.png" class="search_box_img"
                            onfocus="this.blur()">
                        </form>
                    </div>
```

```
                        </div>
                        <!--搜索结束-->
                        <div class="mrit-child-title">
                            <div class="mingri_book f_r App_out">
                                <a href="#" target="_blank" class="a_download"><i></i>淘宝店铺</a>
                                <div class="App_download">
                                    <img src="images/course_05.png" alt="">
                                    APP下载
                                    <!--APP二维码开始-->
                                    <div class="App_wx">
                                        <div class="App_code"><img src="images/APP_code.png" alt="APP二
维码"> </div>
                                    </div>
                                    <!--APP二维码结束-->
                                </div>
                            </div>
                        </div>
                    </div>
                </div>
            </div>
        <!--顶部功能区结束-->
        <!--篇幅限制，代码省略-->
    </div>
    </body>
    </html>
```

（2）顶部功能区的 HTML 代码编写完毕后，开始编写 CSS 代码。此时，编码人员需要一边观察设计原型草图，一边编写 CSS 代码。例如，编写搜索框的 CSS 代码时，首先命名一个 class 样式类 search_box，然后添加 width 和 height 样式属性，此时，就可以运行程序查看页面效果。如果没有达到预期效果，再反复修改属性值。以此类推，完成样式代码的编写，关键代码如下。

```css
.mrit-index-child {
    width: 100%;
    height: 90px;
    background-color: #fff;
}
.mrit-child-content {
    width: 1200px;
    height: auto;
    margin: auto;
    padding-top: 10px;
    position: relative;
    min-height: 78px;
}
.mrit-child-user {
    width: auto;
    min-width: 150px;
    position: absolute;
    right: 0px;
    height: 30px;
    top: 10px;
}
```

```
.search_box {
    border-right: 1px solid #ddd;
    width: 338px;
    height: 45px;
    line-height: 48px;
    margin-left: 38px;
    border: 1px solid #dddddd;
    float: left;
    margin-top: 12px;
    position: relative;
}
.mrit-child-title {
    width: 200px;
    height: 60px;
    float: left;
}
```

（3）开发人员完成静态页面（也就是编写完 HTML 和 CSS 代码）后，开始着手页面的动态交互效果，此时，JavaScript 技术开始大显身手。还是以顶部功能区为例，当用户把鼠标指针停留在"App 下载"区域时，页面会弹出一张二维码图片，这就是动态交互效果，关键代码如下。

```
<script type="text/javascript">
    $(function () {
        $(".item-change-txt-content,.popular-courses-bottom-write").each(function(){
            for (var a = $(this).height(), b = $("p", $(this)).eq(0); b.outerHeight() > a;)
b.text(b.text().replace(/(s)*(.)(...)?$/, "..."))
        });
        $("#slides").slides({
            preload: !0,
            preloadImage: "/Public/images/loading.gif",
            play: 5E3,
            pause: 2500,
            hoverPause: !0,
            animationStart: function () {
                $(".caption").animate({bottom: -20}, 100)
            },
            animationComplete: function (a) {
                $(".caption").animate({bottom: 0}, 200)
            }
        });
        $(".popular-courses-top-made").click(function () {
            $(".popular-courses-panel").slideToggle("slow")
        })
    });
</script>
```

（4）需要说明的是，编写代码过程中，程序运行是一个反复确认，反复修改的过程。具体运行效果如图 12-12 所示。

2. 手机端主页实现

具体步骤如下。

（1）本案例需要使用 Amaze UI 框架，首先在该项目下新建 mobileIndex.html 文件，然后引入资源包，本案例中已经下载好了资源包，读者可以拷贝到自己的项目文件夹中直接使用。具体方法是，将文件夹中的 assets 文件夹全部复制到 Demo12.1 项目的根目录下，此操作可以将 Amaze UI 框架中的所有资源文件引入 Demo12.1 项目中。Amaze UI 官方给出的 assets 文件夹目录结构如图 12-14 所示。

```
AmazeUI
|-- assets
|   |-- css
|   |   |-- amazeui.css              // Amaze UI 所有样式文件
|   |   |-- amazeui.min.css          // 约 42 kB (gzipped)
|   |   `-- app.css
|   |-- i
|   |   |-- app-icon72x72@2x.png
|   |   |-- favicon.png
|   |   `-- startup-640x1096.png
|   `-- js
|       |-- amazeui.js
|       |-- amazeui.min.js           // 约 56 kB (gzipped)
|       |-- amazeui.widgets.helper.js
|       |-- amazeui.widgets.helper.min.js
|       |-- app.js
|       `-- handlebars.min.js
```

图 12-14　Amaze UI 官方的 assets 文件夹目录结构

（2）在 mobileIndex.html 文件中编写代码，在使用开源开发组件时，很重要的一点就是要仔细阅读官方网站的开发文档手册。通过开发文档手册，不仅可以快速了解开发流程，还可以解决开发中常见的问题。所以，根据开发手册，首先将学习示例代码复制到 mobileIndex.html 文件中，具体代码如下。

```html
<!doctype html>
<html class="no-js">
<head>
    <meta charset="utf-8">
    <meta http-equiv="X-UA-Compatible" content="IE=edge">
    <meta name="description" content="">
    <meta name="keywords" content="">
    <meta name="viewport"
        content="width=device-width, initial-scale=1">
    <title>Hello Amaze UI</title>
    <link rel="stylesheet" href="assets/css/amazeui.min.css">
    <link rel="stylesheet" href="assets/css/app.css">
</head>
<body>
<p>
    Hello Amaze UI.
</p>
<!--在这里编写你的代码-->
<!--[if (gte IE 9)|!(IE)]><!-->
<script src="assets/js/jquery.min.js"></script>
<!--<![endif]-->
<!--[if lte IE 8 ]>
<script src="http://libs.baidu.com/jquery/1.11.3/jquery.min.js"></script>
<script src="http://cdn.staticfile.org/modernizr/2.8.3/modernizr.js"></script>
```

```
<script src="assets/js/amazeui.ie8polyfill.min.js"></script>
<![endif]-->
<script src="assets/js/amazeui.min.js"></script>
</body>
</html>
```

（3）接下来，根据示例代码中的注释提示，开发人员可以在此基础上编写组件代码。此时可以将含有
"Hello Amaze UI"的<p>段落标签删除，然后在注释文字"在这里编写你的代码"下方开始编写代码，因为
Amaze UI 开源框架是"拿来即用"的前端开发组件。以手机端常见的页头组件为例，查看官方文档关于页头
组件的描述，如图 12-15 所示。

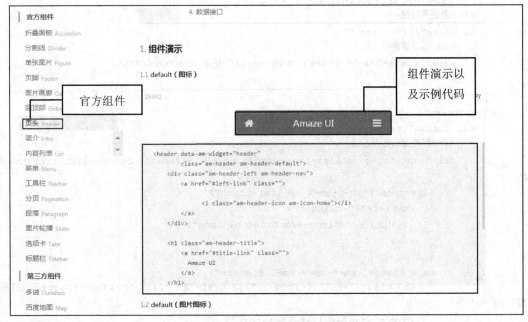

图 12-15　Amaze UI 官方组件说明及演示

开发人员首先可以在 Amaze UI 官网上，找到"官方组件"菜单栏，单击其中的"页头 Header"菜单（如
图 12-15 所示）。接下来，在页面的右侧会有关于页头组件的详细说明内容，开发人员可以根据示例代码直接
二次开发。在本实例中，我们可以直接将示例代码复制到 mobileIndex.html 中，然后把示例中的内容修改成自
己项目的内容，具体代码如下。

```
<header data-am-widget="header"
      class="am-header am-header-default am-header-fixed">
   <div class="am-header-left am-header-nav">
      <a href="#left-link" class="">
         明日学院
      </a>
   </div>
   <div class="am-header-right am-header-nav">
      <a href="#right-link" class="">
         <i class="am-header-icon am-icon-search"></i>
      </a>
   </div>
</header>
```

```
    <div data-am-widget="slider" class="am-slider am-slider-a4" data-am-slider='{&quot;
directionNav&quot;:false}'>
        <ul class="am-slides">
            <li> <img src="images/mobileSlider1.jpg"> </li>
            <li> <img src="images/mobileSlider2.jpg"> </li>
            <li> <img src="images/mobileSlider3.jpg"> </li>
        </ul>
    </div>
    <div data-am-widget="list_news" class="am-list-news am-list-news-default">
        <!--列表标题-->
        <div class="am-list-news-hd am-cf">
            <!--带更多链接-->
            <a href="###" class="">
                <h2>爆品课程</h2>
                <span class="am-list-news-more am-fr">更多 &raquo;</span>
            </a>
        </div>
        <div class="am-list-news-bd">
            <ul class="am-list">
                <!--缩略图在标题左边-->
                <li class="am-g am-list-item-desced am-list-item-thumbed am-list-item-thumb-
left">
                    <div class="am-u-sm-4 am-list-thumb">
                        <a href="#" class="">
                            <img src="images/mobileImg13.png">
                        </a>
                    </div>
                    <div class=" am-u-sm-8 am-list-main">
                        <h3 class="am-list-item-hd"><a href="#" class="">  三天打鱼两
天晒网</a></h3>
                        <div class="am-list-item-text">
                            <div class="am-g ">
                                <div class="am-u-sm-9"><img src="images/bothcourse.png">C++</div>
                                <div class="am-u-sm-3">实例</div>
                            </div>
                        </div>
                        <div class="am-list-item-text">
                            <div class="am-g ">
                                <div class="am-u-sm-8"><img src="images/clocktwo-icon.png">29分
26秒</div>
                                <div class="am-u-sm-4">3503人学习</div>
                            </div>
                        </div>
                    </div>
                </li>
            </ul>
        </div>
    </div>
```

（4）代码编写完成后，在谷歌浏览器中运行本案例，运行效果如图 12-13 所示。

12.4 登录页设计与实现

登录页设计与实现

登录页面是网站中比较重要的一部分，本小节将介绍如何实现 PC 端和手机端的登录页面。

12.4.1 登录页概述

本节介绍如何实现明日学院网站的登录页面，包括 PC 端和手机端的登录页面，效果如图 12-16 和图 12-17 所示。从本节开始，在详细讲解明日学院网站主页的基础上，将专注讲解页面自身的特点。例如 PC 端和手机端的登录页面有各自的特点，下面将详细讲解。

图 12-16　PC 端登录页面

图 12-17　手机端登录页面

12.4.2 登录页设计

PC 端和移动端的登录页面大同小异，具体页面设计如下。

1. PC 端登录页面设计

PC 端登录页面主要含有四部分：第一部分是首页链接，该链接为一张图片，用户单击图片可以返回官网首页；第二部分为选项卡，用户在此部分可以选择登录或者注册；第三部分为该页面最重要的部分——登录表单，用户在此部分输入用户名、密码等身份信息实现登录；第四部分则是为用户提供的第三方登录方式。具体页面结构如图 12-18 所示。

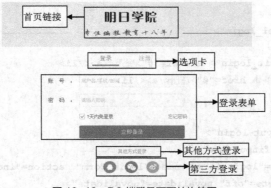

图 12-18　PC 端登录页面结构简图

2. 手机端登录页面设计

手机端登录页面分为头部、登录功能区和底部三部分，其中登录功能区由表单组成，由于手机端登录页面结构较简单，所以通过 CSS3 中的媒体查询实现响应式设计比较方便，如图 12-19 就是手机端登录页面的结构。

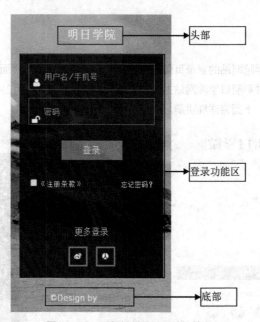

图 12-19　手机端登录页面结构简图

12.4.3　代码实现

分析完页面设计后，需要编写代码实现页面，PC 端和移动端的登录页面的具体实现过程如下。

1. PC 端登录页面的实现

具体步骤如下。

（1）新建 login.html 文件，在该文件的<body>标签中编写页面的 HTML 代码。首先使用<div>标签对登录页面进行分组，然后通过<form>表单标签，添加结构简图中的对应输入内容，例如，用户名和密码等文本框信息。HTML 代码编写完毕后，开始编写 CSS 样式代码，CSS 样式代码的部分请在资源包案例中检索查询，这里不再赘述，关键代码如下。

```
<body>
<div class="tabPanel_login">
    <ul>
        <li class="hit_login"><a href="#">登录</a></li>
        <li class=""><a href="#">注册</a></li>
    </ul>
    <!--登录开始-->
    <div class="finput-login">
        <div class="finput-box">
            <form id="login_form" name="login_form" action="index.html" method="post"
class="form" autocomplete="off" novalidate="novalidate">
```

```
                        <input type="password" name="dispassword" autocomplete="off" style="display:
none;">
                        <input type="hidden" name="backurl" id="backurl"
                            value="http://www.mingrisoft.com/Book/newDetails/id/491.html">
                        <div class="f-inputlist m-t40">
                            <div class="input-box m-b20">
                                <span class="input-name">账<h></h>号<h></h>: </span>
                                <input class="required input-name-input" type="text" id="username"
name="username" autocomplete="off" placeholder="用户名/手机/邮箱" aria-required="true">
                                <span id="chkname" class="warning empty"></span>
                            </div>
                            <div class="input-box m-b20">
                                <span class="input-name cf">密<h></h>码<h></h>: </span>
                                <input class="input-name-password required" autocomplete="off" type=
"password" maxlength="30" name="password" id="password" placeholder="请输入密码" onpaste=
"return false;" aria-required="true">
                            </div>
                            <div class="sevenday">
                                <div class="i-check" style="float:left; margin-left:110px; margin-right:
8px; margin-top:8px;">
                                    <input type="checkbox" name="cookie" value="1" id="loga" style=
"cursor:pointer;" checked="">
                                        <label for="loga"></label>
                                </div>
                                <span style="color:#666; font-size:14px;">7天内免登录<span class=
"login-forget-password">
                                    <a href="#" style="color:#36a9e1;" target="_blank">忘记密码</a>
                                    </span>
                                </span>
                            </div>
                            <input type="submit" value="立即登录" class="greenbtn" onfocus="this.blur()"
style="border:0px;">
                        </div>
                    </form>
                    <div class="right-loginbox-writetwo">
                        <i></i>
                        <span>其他方式登录</span>
                        <i></i>
                    </div>
                    <div class="right-loginbox-icon">
                        <div class="right-loginbox-button-images">
                            <a class="third-login" href="#">
                                <img src="images/qq-logina.png" width="39" height="38" alt="">
                            </a>
                        </div>
                        <div class="right-loginbox-button-images">
                            <a href="javascript:;" onclick="showLoginWindow(this)">
                                <img src="images/wechat-login.png" width="39" height="38" alt="">
                            </a>
```

```
                </div>
                <div class="right-loginbox-button-images">
                    <a class="third-login" href="#">
                        <img src="images/microblog-logina.png" width="39" height="38" alt="">
                    </a>
                </div>
            </div>
        </div>
    </div>
    <!--登录结束-->
</div>
```

（2）代码编写完成后，在谷歌浏览器中运行本实例，具体运行效果如图 12-16 所示。

2. 手机端登录页面的实现

具体步骤如下。

（1）新建 mobileLogin.html 文件，在该文件中添加代码，由于登录页面结构简单，所以不建议使用第三方框架，直接适配屏幕宽度即可，由于篇幅限制，此处省略 CSS 代码，具体 HTML 代码如下。

```
<!DOCTYPE html>
<html lang="en">
<head>
    <title>明日学院登录</title>
    <meta name="viewport" content="width=device-width, initial-scale=1">
    <meta http-equiv="Content-Type" content="text/html; charset=utf-8" />
    <link rel="stylesheet" href="assets/css/style.css" type="text/css" media="all" />
    <link rel="stylesheet" href="assets/css/font-awesome.css">
</head>
<body>
<div class="w3-agile-banner">
    <div class="center-container">
        <div class="header-w31">
            <h1>明日学院</h1>
        </div>
        <div class="main-content-agile">
            <div class="sub-main-w3">
                <form action="#" method="post">
                <input placeholder="用户名/手机号" name="mail" type="email" required="">
                <span class="icon1"><i class="fa fa-user" aria-hidden="true"></i></span>
                <input placeholder="密码" name="Password" type="password" required="">
                <span class="icon2"><i class="fa fa-unlock" aria-hidden="true"></i></span>
                <input type="submit" value="登录">
                <div class="rem-w3">
                    <span class="check-w3"><input type="checkbox" />《注册条款》</span>
                    <a class="w3-pass" href="#">忘记密码? </a>
                    <div class="clear"></div>
                </div>
                    <br>
                    <br>
                    <div class="w3-head-continue">
                        <h5 style="color: white">更多登录</h5>
```

```
            </div>
            <br>
            <div class="navbar-right social-icons">
                <ul>
                <li><a href="#" class="fa fa-weibo icon-border facebook"> </a></li>
                <li><a href="#" class="fa fa-renren icon-border twitter"> </a></li>
                </ul>
            </div>
            </form>
        </div>
        </div>
        <div class="footer">
            <p>&copy;Design by <a href="http://www.mingrisoft.com/">明日科技</a></p>
        </div>
        </div>
    </div>
</body>
</html>
```

（2）代码编写完成后，在谷歌浏览器中运行本实例，具体运行结果如图 12-17 所示。

12.5 课程列表页设计与实现

课程列表页设计
与实现

课程列表页主要用于向用户展示所有的课程，以便用户选择课程，用户可通过语言选择或者课程类别选择，具体页面实现过程讲解如下。

12.5.1 课程列表页概述

本节实现了明日学院的课程列表页面，包含 PC 端页面和手机端页面，具体效果分别如图 12-20 和图 12-21 所示。观察分析图 12-20 的页面设计，不难发现，页面功能结构比较复杂，图 12-21 的手机端页面通过 Amaze UI 前端组件实现。接下来，详细讲解本案例中需要特别注意的地方。

图 12-20　PC 端课程列表页面　　　　　　　　　图 12-21　手机端课程列表页面

12.5.2 课程列表页设计

本页面中 PC 端和手机端的页面结构差别较大，PC 端的课程分类在课程列表页面左侧，而手机端的所有课程筛选条件在课程列表页面上方，具体页面设计如下。

1. PC 端课程列表页面设计

图 12-22 为 PC 端课程列表页面结构，从图中可以看到，该页面内容分为两部分，分别是课程导航和课程展示，而课程展示又由左侧下拉菜单展示的课程分类和右侧列表形式展示的课程内容组成。

图 12-22 PC 端课程页面结构简图

2. 手机端课程页面设计

手机端的课程页面结构与 PC 端课程页面结构差异比较大。手机端的课程页面也含有两部分，分别是课程分类和课程列表，课程分类从语言分类、类型、热门和难易四个方面对课程进行分类；而课程列表则是以列表形式单列展示，具体页面结构如图 12-23 所示。

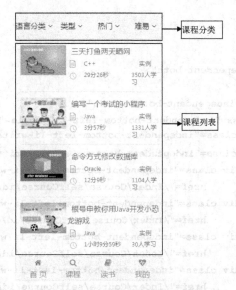

图 12-23　手机端课程页面结构简图

12.5.3　代码实现

实现课程列表页面时，同样分为 PC 端页面和手机端页面，在实现手机端课程列表页面时，使用了内容列表组件和菜单组件，页面实现具体步骤如下。

1. PC 端课程列表页面的实现

具体步骤如下。

（1）新建 courselist.html 文件，在该文件中编写 HTML 代码，不难发现，本案例的页面功能区域与主页面十分相似，也是由顶部区域、内容区域和底部区域构成的。因此，在实际开发作业中，可以直接将主页面的源代码直接复制到 courselist.html 文件中，然后针对不同的功能区域进行二次代码编写。由于篇幅限制，此处仅展示 HTML 关键代码。

```
<body style="overflow-x: hidden;">
    <div class="independent">
        <!--头部开始-->
        <div class="independent-banner">
            <div class="independent-self">
                <div class="independent-banner-top">
                    <div class="independent-banner-top-left">
                        <div class="independent-banner-top-left-image"><img src="images/both-image.png" width="35" height="35" alt=""></div>
                        <div class="independent-banner-top-left-bothwrite">全部课程</div>
                    </div>
                    <div class="independent-child">
                        <div class="independent-banner-top-li"><a href="#">体系课程</a></div>
                        <div class="independent-banner-top-li"><a href="#">实战课程</a></div>
                    </div>
                    <div class="independent-banner-top-ul">
```

```
                    </div>
                </div>
            </div>
        </div>
        <!--头部结束-->

        <div class="independent-both">
            <!--左侧开始-->
            <div class="independent-bottom-left">
                <div class="independent-bottom-left-li" style="padding-top:5px;">
                    <div class="independent-bottom-left-li-write">后端开发</div>
                    <div class="independent-bottom-left-li-writemore">
                        <div class="independent-bottom-left-li-writemore-li"><a
                            href="/Index/Course/selfCourse/id/1.html">Java</a></div>
                        <div class="independent-bottom-left-li-writemore-li"><a
                            href="/Index/Course/selfCourse/id/43.html">JavaWeb</a></div>
                        <div class="independent-bottom-left-li-writemore-li"><a
                            href="/Index/Course/selfCourse/id/38.html">PHP</a></div>
                        <div class="independent-bottom-left-li-writemore-li"><a
                            href="/Index/Course/selfCourse/id/4.html">C#</a></div>
                        <div class="independent-bottom-left-li-writemore-li"><a
                            href="/Index/Course/selfCourse/id/3.html">C++</a></div>
                        <div class="independent-bottom-left-li-writemore-li"><a
                            href="/Index/Course/selfCourse/id/44.html">JSP</a></div>
                        <div class="independent-bottom-left-li-writemore-li"><a
                            href="/Index/Course/selfCourse/id/12.html">C语言</a></div>
                        <div class="independent-bottom-left-li-writemore-li"><a
                            href="/Index/Course/selfCourse/id/39.html">ASP.NET</a></div>
                        <div class="independent-bottom-left-li-writemore-li"><a
                            href="/Index/Course/selfCourse/id/41.html">VB</a></div>
                    </div>
                    <div class="independent-bottom-left-li-write">移动端开发</div>
                    <div class="independent-bottom-left-li-writemore">
                        <div class="independent-bottom-left-li-writemore-li"><a
                            href="/Index/Course/selfCourse/id/11.html">Android</a></div>
                    </div>
                    <div class="independent-bottom-left-li-write">数据库开发</div>
                    <div class="independent-bottom-left-li-writemore">
                        <div class="independent-bottom-left-li-writemore-li"><a
                            href="/Index/Course/selfCourse/id/10.html">Oracle</a></div>
                    </div>
                    <div class="independent-bottom-left-li-write">前端开发</div>
                    <div class="independent-bottom-left-li-writemore">
                        <div class="independent-bottom-left-li-writemore-li"><a
                            href="/Index/Course/selfCourse/id/9.html">JavaScript</a></div>
                    </div>
                    <div class="independent-bottom-left-li-write">其他</div>
                    <div class="independent-bottom-left-li-writemore">
                        <div class="independent-bottom-left-li-writemore-li"><a
                            href="/Index/Course/selfCourse/id/47.html">其他</a></div>
```

```
                    </div>
                </div>
            </div>
        <!--左侧结束-->
        <!--右侧开始-->
        <div class="independent-bottom-right">
            <div class="independent-line"></div>
            <div class="independent-Curriculum">
                <div class="independent-Curriculum-banner">
                    <div class="independent-Curriculum-bannerleft">
                        <div class="independent-Curriculum-bannerleft-left">
                            <img src="images/Curriculum-icon.png" width="15" height="15"
alt="">
                        </div>
                        <div class="independent-Curriculum-bannerleft-right">
                            <a href="#" style="color:#339dd2;">体系课程</a>
                        </div>
                    </div>
                    <div class="independent-Curriculum-bannerright">
                        <a href="#">
                            <div class="PracticeCourse-nav-txt">更多&gt;&gt;</div>
                        </a></div>
                </div>
                <!--体系课程开始-->
                <div class="independent-Curriculum-content">
                    <div class="independent-Curriculum-contentli" style="margin-left:
30px; float:left;">
                        <div class="independent-Curriculum-contentli-top">
                            <a href="courselist.html">
                                <img src="images/5865ac73bdc70.png" width="473" height=
"200" alt="">
                            </a>
                        </div>
                        <div class="independent-Curriculum-contentli-bottom">
                            <div class="independent-Curriculum-contentli-bottomtop"><a href=
"courselist.html">Java入门第一季</a>
                            </div>
                            <div class="independent-Curriculum-contentli-bottombottom">
                                <div  class="independent-Curriculum-contentli-bottombottom-
lithree">
                                    <div class="book-left"><img src="images/book.png" width=
"25" height="25"
                                                          alt=""></div>
                                    <div class="book-right">主讲: 根号申</div>
                                </div>
                                <div class="independent-Curriculum-contentli-bottombottom-li">
                                    <div class="book-left"><img src="images/clock-icon.png"
width="25"
                                                          height="25" alt=""></div>
```

```
                                            <div class="book-right">课时：10小时9分15秒</div>
                                         </div>
                                      <div  class="independent-Curriculum-contentli-bottombottom-
litwo">
                                          <div class="independent-study-botton"><a href="#">开始
学习</a>
                                          </div>
                                       </div>
                                    </div>
                                 </div>
                              </div>
                           </div>
                        <!--体系课程结束-->
                     </div>
                  <!--右侧结束-->
               </div>
            </div>
         </body>
```

（2）编写完所有 HTML 代码、CSS 代码以及 JavaScript 代码后，在谷歌浏览器中运行本实例，具体运行效果如图 12-20 所示。

2. 手机端课程列表页面的实现

具体步骤如下。

（1）新建 HTML 文件，并且命名为 mobileCourselist.html，本案例使用了 Amaze UI 框架中的内容列表组件。在 Amaze UI 官方网站中找到内容列表组件的说明使用文档，将内容列表组件的示例代码复制到 mobileCourselist.html 中对应的代码区域，然后根据注释提示将示例代码中的示例文本换成自己案例中的文本即可，关键代码如下。

```
<body>
<header data-am-widget="header"
        class="am-header am-header-default am-header-fixed">
    <div class="am-header-left am-header-nav">
        <a href="#left-link" class="">
            课程分类
        </a>
    </div>
    <div class="am-header-right am-header-nav">
        <a href="#right-link" class="">
            <i class="am-header-icon am-icon-search"></i>
        </a>
    </div>
</header>
<nav data-am-widget="menu" class="am-menu  am-menu-dropdown2" data-am-sticky >
    <ul class="am-menu-nav am-avg-sm-4 am-collapse am-in">
        <li class="am-parent">
            <a href="##" class="" >语言分类</a>
            <ul class="am-menu-sub am-collapse  am-avg-sm-2 ">
                <li class=""> <a href="##" class="" >Java</a> </li>
```

```html
                    <li class=""> <a href="##" class="" >JavaWeb</a> </li>
                    <li class=""> <a href="##" class="" >PHP</a> </li>
                    <li class=""> <a href="##" class="" >C++</a> </li>
                    <li class=""> <a href="##" class="" >C#</a> </li>
                    <li class=""> <a href="##" class="" >JSP</a> </li>
                </ul>
            </li>
            <li class="am-parent">
                <a href="##" class="" >类型</a>
                <ul class="am-menu-sub am-collapse  am-avg-sm-3 ">
                    <li class=""> <a href="##" class="" >体系课程</a> </li>
                    <li class=""> <a href="##" class="" >实战课程</a> </li>
                </ul>
            </li>
            <li class="am-parent">
                <a href="#c3" class="" >热门</a>
                <ul class="am-menu-sub am-collapse  am-avg-sm-4 ">
                    <li class=""> <a href="##" class="" >热门</a> </li>
                    <li class=""> <a href="##" class="" >推荐</a> </li>
                </ul>
            </li>
            <li class="am-parent">
                <a href="##" class="" >难易</a>
                <ul class="am-menu-sub am-collapse  am-avg-sm-3 ">
                    <li class=""> <a href="##" class="" >易</a> </li>
                    <li class=""> <a href="##" class="" >适中</a> </li>
                    <li class=""> <a href="##" class="" >难</a> </li>
                </ul>
            </li>
        </ul>
    </nav>
    <br>
    <br>
    <div data-am-widget="list_news" class="am-list-news am-list-news-default">
        <div class="am-list-news-bd">
            <ul class="am-list">
                <!--缩略图在标题左边-->
                <li class="am-g am-list-item-desced am-list-item-thumbed am-list-item-thumb-left">
                    <div class="am-u-sm-4 am-list-thumb">
                        <a href="mobileCourselist.html" class="">
                            <img src="images/mobileImg13.png">
                        </a>
                    </div>
                    <div class=" am-u-sm-8 am-list-main">
                        <h3 class="am-list-item-hd"><a href="mobileCourselist.html" class=""> 
 三天打鱼两天晒网</a></h3>
                        <div class="am-list-item-text">
                            <div class="am-g ">
```

```
                            <div class="am-u-sm-9"><img src="images/bothcourse.png">C++</div>
                            <div class="am-u-sm-3">实例</div>
                        </div>
                    </div>
                    <div class="am-list-item-text">
                        <div class="am-g ">
                            <div class="am-u-sm-8"><img src="images/clocktwo-icon.png">29分
26秒</div>
                            <div class="am-u-sm-4">3503人学习</div>
                        </div>
                    </div>
                </div>
            </li>
        </ul>
    </div>
</div>
</body>
```

（2）代码编写完成后，在谷歌浏览器中运行本实例，具体运行效果如图 12-21 所示。

12.6 课程详情页设计与实现

课程详情页主要用于向用户展示课程信息，包括课程时长，课程内容等，具体页面的设计与实现如下。

12.6.1 课程详情页概述

本案例在课程列表页的基础上，实现了课程详情页面的效果，包括 PC 端和手机端，效果分别如图 12-24 和图 12-25 所示。观察结构简图可以发现，因为与课程列表页的功能布局大致相似，所以直接可以把课程列表页的代码复制到本案例当中；但手机端的页面效果稍有不同。由于篇幅限制，下面将重点讲解本案例中的特殊之处。

图 12-24 PC 端课程详情页面效果

图 12-25 手机端课程详情页面效果

12.6.2 课程详情页设计

由于手机端和 PC 端的课程详情页不相同，所以需要分别设计，具体设计如下。

1. PC 端课程详情页设计

PC 端的课程详情页主要由三部分组成：分别是课程详情、课程信息以及相关课程。其中课程详情包括课程名称、学习人数、课程时长、学习时长等内容；第二部分课程信息包括授课老师、课程概述以及课程提纲；相关课程向用户展示与用户所学课程相关的课程。具体结构如图 12-26 所示。

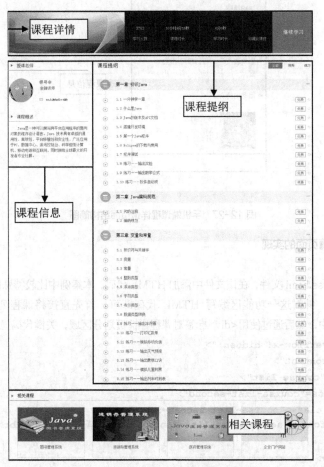

图 12-26　PC 端课程详情页面结构简图

2. 手机端课程详情页面设计

手机端课程详情页面也主要分为三部分，分别是课程详情、课程导航以及课程信息。课程详情包括课程时长、学习人数以及收藏课程等；课程信息包括课程概述和授课讲师，具体页面结构如图 12-27 所示。

12.6.3 代码实现

接下来分别实现 PC 端和手机端的课程详情页并进行屏幕适配，实现手机端课程详情页时，使用了选项卡组件，页面实现具体步骤如下。

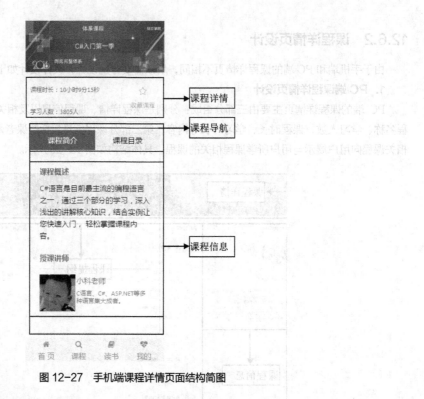

图 12-27　手机端课程详情页面结构简图

1. PC 端课程详情页面的实现

具体步骤如下。

（1）新建 selfCourse.html 文件，在该文件中添加 HTML 代码，本案例中比较特殊的部分就是课程详情功能区域的显示，因此，针对这一功能区编写 HTML 代码即可。首先直接将课程列表页的源代码复制到 selfCourse.html 文件中，然后通过使用<div>标签对课程详情页划分区域，关键代码显示如下。

```
<body style="overflow-x: hidden;">
<div id="body_content">
    <div class="course-list">
        <div class="course-list-second">
            <div class="course-list-second-image">
                <font class="course-list-font">Java入门第一季</font><br><font>
</font>
            </div>
            <div class="course-list-second-center">
                <div class="course-list-second-center-state">
                    <div class="course-list-second-center-state-bottom">3763</div>
                    <div class="course-list-second-center-state-top">学习人数</div>
                </div>
                <div class="course-list-second-center-hour">
                    <div class="course-list-second-center-hour-bottom">10小时9分15秒</div>
                    <div class="course-list-second-center-hour-top">课程时长</div>
                </div>
                <div class="course-list-second-center-study">
                    <div class="course-list-second-center-study-bottom">
                        0分0秒
                    </div>
```

```
                    <div class="course-list-second-center-study-top">学习时长</div>
                </div>
            </div>
            <div class="course-list-second-interest"><a href="javascript:;" id="collect">
收藏此课程</a></div>
            <div class="course-list-second-study">
                <a href="/video/707.html" target="_blank">继续学习</a>
            </div>
        </div>
        <div class="course-list-content">
        <div class="course-list-content-left">
            <div class="course-list-content-left-top">
                <div class="course-list-arrow"><img src="images/arrow-image.png" id=
"cata_img" width="20"
                                                height="20" alt="" style="margin-top:6px;">
</div>
                <div class="course-list-write">授课老师</div>
            </div>
            <div class="teacher-content">
                <div class="teacher-head"><a href="/User/homepage_teacher/user_id/
476.html">
                        <img src="images/201606141716411108.png" width="95" height="95"
alt=""> </a>
                </div>
                <div class="teacher-write">
                    <div class="teacher-name"><a href="/User/homepage_teacher/user_id/
476.html" style="color:#666;">根号申</a>
                    </div>
                    <div class="teacher-info">金牌讲师</div>
                    <div class="course-list-content-left-teacher-hour"><img src="mingrisoft/
images/clock-image.png" width="14" height="14" alt="" style=" margin-top:15px; margin-right:
10px;">10小时9分15秒   
                    </div>
                </div>
            </div>
            <div class="course-list-content-left-top">
                <div class="course-list-arrow"><img src="images/arrow-image.png" id=
"cata_img" width="20"
                                                height="20" alt="" style="margin-top:6px;">
</div>
                <div class="course-list-write">课程概述</div>
            </div>
            <div class="course-list-introduce">Java是一种可以撰写跨平台应用程序的面向对象的
程序设计语言。Java技术具有卓越的通用性、高效性、平台移植性和安全性，广泛应用于PC、数据中心、游戏控制台、科
学超级计算机、移动电话和互联网，同时拥有全球最大的开发者专业社群。
            </div>
        </div>
        <div class="course-list-content-right">
            <div class="course-list-second-classify"><font style="float:left;font-size:
20px;">课程提纲</font>
```

```
                        <a href="/systemCatalog/64.html" style="background-color:#19A0F5; color:
#fff;">全部</a>
                        <a href="/systemCatalog/64/v.html">视频</a>
                        <a href="/systemCatalog/64/e.html">练习</a>
                </div>
                <div class="course-list-second-section-contents">
                        <div class="course-list-second-section-contents-li">
                                <div class="chapters"
    onclick="showOrHide('583','Public/images/gray_close.png','Public/images/gray_open.png
')" id="583">
                                        <div class="course-list-second-section-contents-li-top">
                                                <div class="course-list-name">第一章 初识Java</div>
                                                <div class="course-list-second-add-subtract">
                                                        <div class="course-list-icon">
                                                                <img src="images/gray_close.png" width="14" style="height:
auto; margin-top:18px;" alt="" id="chapter_img_583">
                                                        </div>
                                                </div>
                                        </div>
                                </div>
                                <div id="child_catalog_583" style="padding-top:45px;">
                                        <div class="course-list-second-section-contents-li-bottom">
                                                <div class="course-list-second-section-contents-li-bottomli">
                                                        <!--添加开始-->
                                                        <div class="course-list-free">免费</div>
                                                        <!--添加结束-->
                                                        <div class="course-list-second-section-arrow"><img
                                                                src="images/list-icon.png" width="18" height="17"
alt=""
                                                                style=" position:relative; left:-10px;"></div>
                                                        <div class="course-list-second-section-write">
                                                                <div class="course-list-left"><a href="/video/707.html"
target="_blank">1.1 一分钟学一章</a></div>
                                                                <div class="course-list-right"><a href="/video/707.html"
target="_blank">开始学习</a></div>
                                                        </div>
                                                        <div class="course-list-second-section-circle"><img src=
"images/empty.png" width="16" height="14" alt=""> </div>
                                                </div>
                                        </div>
                                        <div class="course-list-second-section-contents-li-bottom">
                                                <div class="course-list-second-section-contents-li-bottomli">
                                                        <!--添加开始-->
                                                        <div class="course-list-free">免费</div>
                                                        <!--添加结束-->
                                                        <div class="course-list-second-section-arrow"><img
                                                                src="images/list-icon.png" width="18" height="17"
alt="" style=" position:relative; left:-10px;"></div>
                                                        <div class="course-list-second-section-write">
```

```html
                                                <div class="course-list-left"><a href="/video/708.html"
target="_blank">1.2 什么是Java</a></div>
                                                <div class="course-list-right"><a href="/video/708.html"
target="_blank">开始学习</a>
                                        </div>
                                    </div>
                                    <div class="course-list-second-section-circle"><img src=
"images/empty.png" width="16" height="14" alt=""> </div>
                                </div>
                            </div>
                            <div class="course-list-second-section-contents-li-bottom">
                                <div class="course-list-second-section-contents-li-bottomli">
                                    <!--添加开始-->
                                    <div class="course-list-free">免费</div>
                                    <!--添加结束-->
                                    <div class="course-list-second-section-arrow"><img
                                            src="images/list-icon.png" width="18" height="17"
alt="" style=" position:relative; left:-10px;"></div>
                                    <div class="course-list-second-section-write">
                                        <div class="course-list-left"><a href="/video/709.html"
target="_blank">1.3 Java的版本及API文档</a></div>
                                        <div class="course-list-right"><a href="/video/709.html"
target="_blank">开始学习</a> </div>
                                    </div>
                                    <div class="course-list-second-section-circle"><img src=
"images/empty.png" width="16" height="14" alt=""> </div>
                                </div>
                            </div>
                            <div class="course-list-second-section-contents-li-bottom">
                                <div class="course-list-second-section-contents-li-bottomli">
                                    <div class="course-list-free">免费</div>
                                    <div class="course-list-second-section-arrow"><img
                                            src="images/list-icon.png" width="18" height="17"
alt="" style=" position:relative; left:-10px;"></div>
                                    <div class="course-list-second-section-write">
                                        <div class="course-list-left"><a href="/video/710.html"
target="_blank">1.4 搭建开发环境</a></div>
                                        <div class="course-list-right"><a href="/video/710.html"
target="_blank">开始学习</a> </div>
                                    </div>
                                    <div class="course-list-second-section-circle"><img src=
"images/empty.png" width="16" height="14" alt=""> </div>
                                </div>
                            </div>
                            <div class="course-list-second-section-contents-li-bottom">
                                <div class="course-list-second-section-contents-li-bottomli">
                                    <div class="course-list-free">免费</div>
                                    <div class="course-list-second-section-arrow"><img
                                            src="images/list-icon.png" width="18" height="17"
alt="" style=" position:relative; left:-10px;"></div>
```

```
                                      <div class="course-list-second-section-write">
                                        <div class="course-list-left"><a href="/video/711.html"
target="_blank">1.5 第一个Java程序</a></div>
                                        <div class="course-list-right"><a href="/video/711.html"
target="_blank">开始学习</a> </div>
                                      </div>
                                      <div class="course-list-second-section-circle"><img src=
"images/empty.png" width="16" height="14" alt="">
                                      </div>
                                    </div>
                                  </div>
                                </div>
                              </div>
                            </div>
                          </div>
                        </div>
                      </div>
                  </body>
```

（2）代码编写完成后，在谷歌浏览器中运行本实例，具体运行效果如图 12-24 所示。

2. 手机端课程详情页面的实现

具体步骤如下。

（1）新建 mobileselfCourse.html 文件，在该文件中添加 HTML 代码。本案例中使用了 Amaze UI 框架中的选项卡组件。具体的使用方法是：在 Amaze UI 官方网站中找到选项卡组件的说明使用文档，将选项卡组件的示例代码复制到 mobileselfCourse.html 中对应的代码区域，最后根据注释提示将示例代码中的示例文本换成自己案例中的文本。关键代码如下。

```
<img src="assets/i/top.png" class="am-img-responsive"/>
<div data-am-widget="list_news" class="am-list-news am-list-news-default" >
    <div class="am-list-news-bd">
        <ul class="am-list">
            <!--缩略图在标题右边-->
            <li class="am-g am-list-item-desced am-list-item-thumbed am-list-item-thumb-
right">
                <div class=" am-u-sm-8 am-list-main">
                    <div class="am-list-item-text">课程时长：10小时9分15秒</div>
                    <br>
                    <div class="am-list-item-text">学习人数：3805人</div>
                </div>
                <div class="am-u-sm-4 am-list-thumb">
                    <a href="#" class="">
                        <img src="assets/i/star.png"/>
                    </a>
                </div>
            </li>
        </ul>
    </div>
</div>
<div data-am-widget="tabs"
```

```
        class="am-tabs am-tabs-default">
    <ul class="am-tabs-nav am-cf">
        <li class="am-active"><a href="[data-tab-panel-0]">课程简介</a></li>
        <li class=""><a href="[data-tab-panel-1]">课程目录</a></li>
    </ul>
    <div class="am-tabs-bd">
        <div data-tab-panel-0 class="am-tab-panel am-active">
            <div data-am-widget="list_news" class="am-list-news am-list-news-default" >
                <!--列表标题-->
                <div class="am-list-news-hd am-cf">
                    <!--带更多链接-->
                    <a href="##" class="">
                        <h2>课程概述</h2>
                    </a>
                </div>
                <div class="am-list-news-bd">C#语言是目前最主流的编程语言之一，通过三个部分的学习，
深入浅出地讲解核心知识，结合实例让您快速入门，轻松掌握课程内容。</div>
            </div>
            <div data-am-widget="list_news" class="am-list-news am-list-news-default" >
                <!--列表标题-->
                <div class="am-list-news-hd am-cf">
                    <!--带更多链接-->
                    <a href="###" class="">
                        <h2>授课讲师</h2>
                    </a>
                </div>
                <div class="am-list-news-bd">
                    <ul class="am-list">
                        <!--缩略图在标题左边-->
                        <li class="am-g am-list-item-desced am-list-item-thumbed am-list-
item-thumb-left">
                            <div class="am-u-sm-4 am-list-thumb">
                                <a href="#" class="">
                                    <img src="assets/i/teacher.png"/>
                                </a>
                            </div>
                            <div class=" am-u-sm-8 am-list-main">
                                <h3 class="am-list-item-hd"><a href="#"  class=""> 小科老师
</a></h3>
                                <div class="am-list-item-text">C语言、C#、ASP.NET等多种语言集大
成者。</div>
                            </div>
                        </li>
                    </ul>
                </div>
            </div>
        </div>
    </div>
</div>
```

（2）代码编写完成后，在谷歌浏览器中运行本案例，具体运行效果如图 12-25 所示。

小 结

　　本章主要介绍了明日学院在线教育网站，该网站包含 4 个网页，分别是主页，登录页，课程列表页以及课程详情页。通过设计和实现明日学院网站，相信读者更加了解网站制作的流程，掌握它后对今后的工作实践大有益处。

CSS 调试技巧

HTML 调试技巧

JavaScript 调试技巧